无 限 之 镜

U0390556

无 限 之 镜

法国十七世纪园林及其哲学渊源

[美] 艾伦·S·魏斯 著

段建强 译 卢永毅 审校

中国建筑工业出版社

著作权合同登记图字：01-2011-7579号

图书在版编目（**CIP**）数据

无限之镜 法国十七世纪园林及其哲学渊源／（美） 魏斯著；
段建强译. — 北京：中国建筑工业出版社，2012.9
ISBN 978-7-112-14541-6

Ⅰ．①无… Ⅱ．①魏… ②段… Ⅲ．①园林建筑－建筑哲学－
法国－17世纪 Ⅳ．①TU-098.456.5

中国版本图书馆CIP数据核字（2012）第170863号

Miroirs de l'infini: Le jardin à la française et la métaphysique au XVIᵉ siècle
© Editions du Seuil, 1992 and 2011

Translation copyright © 2013 China Architecture & Building Press
本书由法国 Editions du Seuil 出版社和作者授权我社翻译出版

责任编辑：率 琦
责任校对：姜小莲 王雪竹
版式设计：ARTOStudio 封面摄影 © 段建强

无限之镜 法国十七世纪园林及其哲学渊源
［美］艾伦·S·魏斯 著
段建强 译 卢永毅 审校
＊
中国建筑工业出版社出版、发行（北京西郊百万庄）
各地新华书店、建筑书店经销
北京市世知印务有限公司印刷
＊
开本：850×1168毫米 1/32 印张：4¼ 字数：120千字
2013年4月第一版 2013年4月第一次印刷
定价：**25.00元**
ISBN 978-7-112-14541-6
（22581）
版权所有 翻印必究
如有印装质量问题，可寄本社退换
（邮政编码 100037）

献给保尔·弗斯

图1 维康府邸，自城堡望向园林（© 艾伦·S·魏斯）

图2 维康府邸，自园林望向城堡（© 艾伦·S·魏斯）

图3 凡尔赛宫苑内的阿波罗泉池（© 段建强）

图4 凡尔赛宫苑，自阿波罗泉池望向凡尔赛宫（© 段建强）

图5 凡尔赛宫苑，泉池中的恩克拉多斯雕像（© 段建强）

图6 尚蒂伊林园，园林景观（© 艾伦·S·魏斯）

目录

造园家不仅是植物学家，还应是画家和哲学家。

威廉·钱伯斯[1]

一切事物无非观念，但要使你的观念变成现实。

让·杜布菲[2]

(1) 威廉·钱伯斯勋爵（Sir William Chambers，1723－1796），苏格兰建筑师、造园家。1757年钱伯斯出版的《中国房屋设计》是欧洲第一部介绍中国园林的专著，对中国园林在英国以至欧洲的流行起重要作用。[凡原著中的注释，为保持与原著一致，采用文后集中注释（原文附上），以便于读者直接检索原著，只在本书各章中以数字标出。以括号注释者，均为译者注，特此说明。——译者注]
(2) 让·杜布菲（Jean Dubuffet，1901－1985），法国画家和雕塑家。他是第二次世界大战后巴黎先锋派艺术的领袖艺术家。

中文版序

艾伦·S·魏斯

1999 年圣诞节前夕，一个寒冽而晴朗的午后，笔者造访了凡尔赛宫苑，一同前往的是《邪恶女王：玛丽·安托瓦内特[1]神话的起源》的作者尚塔尔·托马和摄影师让·皮埃尔－戈多，后者宏伟立体的照片，采用双灭点的移轴拍摄，如此美妙地图解出我有关凡尔赛宫苑形而上学的理论，并且激发我试图以照片来表现太阳王路易十四在凡尔赛宫苑中的赏园行程。我们穿过园林，流连于那些雕塑之间，为抵挡即将到来的寒冬，它们被包裹着，唯有雕像的臂膀露在重重纱帏之外，颇具超现实的意味和形而上学的赎罪感。我们大概追随着国王的游踪，也只有这依然存在的透视景观,可以被我们所拍摄。然而，我也略微知晓，我们的观察某种程度上又是徒劳的，或许尚塔尔·托马在她的小说《告别女王》中会有所扩展吧。几天之后，12月26日和27日，两场阵风达每小时125英里的暴风雨肆虐法国，卷走大教堂上的滴水

(1)玛丽·安托瓦内特（本名Maria Antonia Josefa Johanna von Habsburg-Lothringen，史上以Marie Antoinette之名更为人所知，1755－1793），出生时为奥地利女大公（Archduchess），之后成为法国和那瓦尔（Navarre）的皇后。她15岁时与路易十六结婚，生下路易十七。1793年法国大革命时期，她因叛国罪被送上断头台处死。

兽，吹倒园林中的天使雕像，并摧毁法国全境大约3000万至2.7亿棵树木（最大的估计是如此难以置信，只能想象，这也许是个印刷错误，或是乖张地企图以数字掩饰的结果）。仅凡尔赛宫苑内即损失了1万棵树，其中包括许多古老的、具有历史象征性的古树名木，如由玛丽·安托瓦内特种植的郁金香树，和由拿破仑种植的科西嘉岛松树，正式的园林中则失去了远超过1000棵的林木。阿兰·巴拉东，凡尔赛宫苑的园丁之一，将现场比作一个战场：实际上，它看起来很像凡尔登战役[1]之后的场面。这个比喻，其实颇具悲剧的讽刺意味，因为法国的形式主义园林基本的构成，就是以对自然的破坏性改造而实现的。笛卡儿将掌控自然称为"强制的自然"，一如圣西门公爵[2]确切地表达出的那样，不禁令人想起这些园林在其营造之时的准军事化特征，正是太阳王无限意志的形而上学表达，一个绝对神权的表达。然而，这些园林壮美的表现，在面对风暴时却是如此孱弱，盛名之下，其实难副。强制的自然，在自然的强力面前相形见绌。"自然而然"[3]被"自然自在"[4]所报复。

(1) 凡尔登战役爆发于1792年8月20日，是一场发生于法国革命军与普鲁士军队之间的军事冲突，普鲁士最终获得胜利。
(2) 圣西门公爵，（the Duke de Saint-Simon，1675 – 1755），又称杜克的圣西门，法国路易十四时代外交家、作家，曾写有路易十四时代的多种"回忆录"。
(3) 原文为Natura naturans，中世纪拉丁词汇，意为nature doing what nature does；此处译为"自然而然"（对于原著中大量引用的拉丁文等语言，采取原文附上的原则，以便读者参考）。
(4) 原文为Natura naturata，中世纪拉丁词汇，意为nature already created；此处译为"自然自在"。

在尚塔尔·托马的小说《告别女王》中，讲述了一个凡尔赛宫的士兵，在听到传信人阿加特－西多尼传达巴士底狱陷落的消息后，意识到现实的无望，突然被恐慌所捕获，而不断看到一个变形的老妪，在皇家晚宴之前的下午，就作了简陋的装扮，当她侍奉国王进餐时，一块儿去驱赶盘中的老鼠：

> 这对我来说太晚了。我臣服于她的影响。她散布着灾难，她满头发丝浸满鲜血，衣衫褴褛不能蔽体，凸显其肉身之淫荡。她自阳台出现，将自身置于林园的山丘之间，斜插着穿过橘园，奔向瑞士泉池，由拉托娜泉池折返，暴虐与惩罚将她带回城堡，无休止地激起神的愤怒。自拉托娜泉池开始，她匆忙通过柱廊下的沙龙到达海王星泉池，为找寻人们遗漏的空间，衣裙的薄纱缭绕着她，她的速度徒增她的烦恼，她朝北方进攻，席卷起强大气流，飞卷之下，她只可隐约识辨恩克拉多斯喷泉，佑爱岛洲，和宽阔的海王星泉池，以及多次掏空了的克莱门特。她并未就此停歇，而且依仗着周遭的愤怒，她径直返回到阳台，并重新夺回城堡藏匿起来……恐慌瞬间袭来。她在一个洞窟中统御，沿途随时抢夺着一切……她的头发，滴着恶心的鲜血，直冲我飘散开来。它不是个污点，甚至不是个标志，但却出现在我夏季长袍精细织作的面料之上，一个红色的十字绣，就像织工的一个失误，一个红色面料中的跳线点。[1]

恐慌造成了凡尔赛宫苑内的混乱———一个现代的牧神潘(1)———则是暴风。令人战栗，徒生恐惧，充满刺激。然而，无论它有多可厌，我们必须认识到，这种破坏对于凡尔赛宫苑的存在而言，不仅是无可避免的，而且也并非事出偶然的。可能我们并不认为这是某种自然的警告，而认为这个巨大破坏所导致的微小不完善，乃宇宙运行的非常规灵感所致？此种不完善之处，这样的灵感，无异于想象力的创造，而这样的创造势必能够指导所有的保护和修复。

正如尼采坚持认为的，在阅读文本时，首当其冲是知道谁在说话。当文本被翻译成另一种语言，并在非常不同的文化情境中提出，这更是非常重要的。况且对中国读者而言，这是一本一个美国人、写于20世纪、关于法国17世纪园林、并在21世纪被重新关注的著作。这就是为何我想提出如下宣言，以给出一个清晰的、我目前对园林较为明确的想法。

对未来造园的宣言

1. 园林是一个象征性的形式。

2. 园林中包含其他符号形式。

3. 在园林中，有通感的网络。

---

(1) 潘（the God Pan），希腊神话里的牧神，牧神潘是众神传信者赫密斯的儿子，而名字的原意是一切。掌管树林、田地和羊群的神，有人的躯干和头，山羊的腿、角和耳朵。他的外表后来成了中世纪欧洲恶魔的原形。

4. 园林乃是综合性的艺术品。

5. 园林既是壶中天地，又是客观实存。

6. 园林还是一个悖论。

7. 园林乃叙事，既是叙事的转化器，又是叙事的发生器。

8. 园林是记忆的戏剧（剧场）。

9. "无我之园"是个抽象概念或一片废墟。

10. 园林是一个夸张的短暂结构体。

当然，这些公理必须重新考虑每一座园林。然而，以一个人确定的研究对象衡量，它往往是相当困难的。试想一下，我们是如此难以定义所谓的"凡尔赛宫苑"。帕拉丁公主[1]尝谓，在路易十四统治时期，凡尔赛宫苑中没有一处不是被修改了十数次……这提醒我们，必须考虑到，"凡尔赛宫苑"这样的指称，往往掩盖了广阔的异质性内容。当我们提及"凡尔赛"这个名字时，我们到底在指称哪一个"凡尔赛"？是路易十三时期的？还是路易十四时期的？是摄政王时期的？还是路易十五时期的？是路易十六时期的？拿破仑时期的？路易十八时期的？还是路易·菲利普时期的？是19世纪被忽略的时期？还是20世纪被重建的时期？是重建的项目？还是单纯解构式的批评？我们只需记住哪些花卉在路易十四时代的凡尔赛宫苑是不受欢迎的，而到了玛丽·安托瓦内特的凡尔赛宫苑中又是如何被过分追捧的。就此个案的夸

---

[1] 帕拉丁公主（The Princess Palatine, 1652 – 1722），德国公主，嫁与路易十四的兄弟菲利普一世。

张状态却是，并没有人会建议我们将凡尔赛宫苑恢复到路易十三治下的狩猎小屋状态，这种想法为我们提供了一个颇为有趣的智慧挑战。对这些问题的回答，影响着当代保护和修复的每一个具体行为，但是，却没有明确的答案，而这，正是因为历史性和时间性是人类存在的核心内容。宇宙的运作始终是具有多样性与可变性的。

1999年年底令凡尔赛宫苑元气大伤的风暴——之前刚刚庆祝了安德烈·勒诺特逝世300周年——通过一种怪诞的诗性正义，暂时将这些园林转化为一个庞大的**死亡的自然**[1]，一个静物，类似画家于贝尔·罗贝尔[2]那些怪异的绘画，它们描绘了凡尔赛宫苑在1774~1775年冬季树木的减少。然而，修复工作则将园林回复到以前的状态，自然创伤的影响被抹去，而代之以人工修复的干预：在此时间被扭转，历史被平息，自然被掌控，形式则回复到毫无时间感的笛卡儿式的规则几何。修复在此扮演了固化和重复的角色，而这种影响的施加，却是由于自然创伤的影响。

我们绝不能忘记这种必然性，如果拒绝模仿，愉悦原则下的智慧之困，将指导着我们对园林的使用。我现在亦明白了，我所说的帕斯卡式园林并非笛卡儿式园林的对立面，而是其反面，即隐藏的一面。这是另一种有关长期的时间流逝造成的影响，同时，也是想象力的奇妙效果。

---

(1) 原文为nature morte。
(2) 于贝尔·罗贝尔（Hubert Robert, 1733 – 1808），法国18世纪画家。

关于园林保护和修复的推论

1. 符号应在指导修复的过程中与意象一样被同等重视。
2. 园林必须被持续地改造成为能够容纳当代活动的场所。
3. 愉悦原则必须在园林修复时被加以申明。
4. 所有艺术在园林中应该找到一个适宜之所。
5. 形式主义园林必须对非形式化的自然世界保持开放性。
6. 复杂性和矛盾性将是无可避免的。
7. 传说和叙事是园林不可分割的组成部分。
8. 形式主义园林势必承载其历史累积的痕迹。
9. 所有审美价值皆有使用价值，必须予以尊重。
10. 灾难的痕迹必须保持。

一个独特的领地，

高于其他的一切，

因艺术源于自然，

而自然则由梦想，

修饰、美化、雕琢。

夏尔·波德莱尔

"遨游" [1]

(1) 夏尔·波德莱尔 (Charles Pierre Baudelaire, 1821–1867) 的诗歌 "遨游" 之节选，出自《巴黎的忧郁》。

前言
意象的园林

博尔赫斯"小径分岔的花园"是个关于彭㝡[1]曾孙的故事。彭㝡是中国云南省的总督，他辞官退隐并致力于一部极其复杂的小说写作："小径分岔的花园"———一个任何人都会迷失其间的迷宫。数个世纪过去之后，迷宫的一切均已了无痕迹，连仅存的小说也被认为有失连贯；但他的曾孙揭开了这个秘密：彭㝡的遗著与迷宫是合而为一的———一个象征的迷宫。这个有关迷宫的迷宫，意涵即时间本身。小说中自相矛盾的不连贯，是为了适度地体现宇宙图景；时间，被允许以各种可能的方式，要求每一部分既存观念的叙事性，并且，没有任何情节能决定事件的因果。因为，时间为一切可能性留有余地。

我引用这一故事，恰似对我目前研究的一个讽喻：写一本关于造园的书，而我除了"阅读"之外，别无他法。每一事物，无论文化的或自然的，都会被象征的网络所捕获——而这些象征，在时间的流逝中，亦在变动，甚至有些已被毁坏。此外，任何象征皆非以单纯的方式存在：很多带有我们自己感性理解和误解的"杂质"，掺进任何我们接触

(1) 原文为Ts'ui Pên，阿根廷作家博尔赫斯（Jorge Luis Borges, 1899 – 1986）笔下的文学人物。国内不同译者有不同的翻译，笔者此处参考王永年先生译法，译为"彭㝡"。

的象征体系之中，就像我们对诸多乌托邦的期望和对灾难恐惧的幻觉那样。

园林意味着特权，往往是神秘之所。我们童年的秘密花园，护卫着我们最私人的幻想，使我们得以在所有家庭限制以外，无拘无束地玩耍。我们攀爬上那些特殊的树木，以发现并最终征服世界（如伊塔洛·卡尔维诺的《树上的男爵》[1]）；尽管从未成功，但我们仍试图掀开那些令人不安的岩石，以探究其下掩盖了怎样的恐怖；那些被我们视作神圣如恒河或幼发拉底河水的神奇泉水或深井；那些在隐秘的角落瞬间冒出来的、能唤起精灵和魔鬼的蘑菇——这些场所就是我们最初的创造：有关我们童年的想象及其场景。因此，对年轻的叙述者马塞尔·普鲁斯特，就其所创作的《在斯万家那边》[2]而言，贡布雷家的花园就是世界的前厅，空间敞阔，但却舒缓而富于节奏。微观视之，这个园林——不像其他象征符号的传统主题，普鲁斯特的叙事规则——就是那个童年时代即被预先布置的、有如被大衣夹裹着的、充满母爱的作家卧室，那是个人偏执怀旧与回忆之所，事实上，小说也是在这里写就的。每个叙事空间都是一个象征性的空间，能够揭示叙述者的特点，一如足以决定他命运的社会关系的结构。私人和社会空间之间的转换，贡布雷的花园，允许这样的功能叠合：虚构的自传，亦成为一个消失的世界，一个超越时代的故事。

(1)《树上的男爵》是意大利小说家伊塔洛·卡尔维诺 (Italo Calvino, 1923–1985) 的小说。
(2)《在斯万家那边》是法国作家马塞尔·普鲁斯特 (Marcel Proust, 1871–1922) 的名著《追忆逝水年华》的第一部。贡布雷家的花园是小说中虚拟的景观。

　　每个艺术作品都有其哲学渊薮。某些作品公然依据严格的构造和明确的形而上学原则。然而它又是足以颠覆我们哲学理念的艺术工作：创建思维的新模式，视野的新方法。本文简短的研究，也可称之为幻想——有关17世纪法国安德烈·勒诺特设计的整饬的园林，我试图剖析其所处时代的形而上学、美学、神学，以阐释这些园林艺术之美，并适度地审视这些园林的形式结构，以"勾勒"出其形而上学的原则。在此，我尝试着肤浅地利用哲学：借助笛卡儿的形而上学以及作为符号的帕斯卡神学，恰如"标题"之园林，我打算探讨某些理性幻想的形态及其相关的拓扑。口头上，这须满足两个条件：重点在于，哪些哲学家的文字意象和造园家的光学与数学结构彼此回应了他们所处的时代。

　　景观史揭示了园林与哲学之间的密切关系[1]。也许，这种关联性最突出的例子，是日本枯山水庭园，也称为"禅宗庭园"。受佛教东传影响于1499年创建，位于日本京都附近佛教圣地龙安寺内的枯山水庭园，以其抽象的形式，凝练地体现出佛教临济宗的禅宗冥想境界，基于激越的冥想而体现欲望的悖论[(1)]。由禅室围廊和墙所围合的龙安寺庭园，被严格限定在一个10m×30m的长方形区域，并以白色砾石铺钯出明确的水纹。这些砾石之上，以特定方式放置着15块形状各异的岩石，分别是5块、2块、3块、2块和3块的组合，无论以何视点观之，始终有一石不可见。没有树木、灌木或花

---

(1) 此处原著者在2011年法文新版时进行了改写，中文版依据法文新版的修订文字翻译。

草，只有长于岩石上的苔藓。这苔藓像古代青铜器上的铜绿，象征宝贵时间的推移，亦为永恒痕迹（虽在西方意义上，并不是永恒的）的设置。达尼埃尔·夏尔[1]解释说：

> 苔藓的存在，使场所具有时间感的同时，又似乎超越了时间性。这非常具有力量，在龙安寺，作为符号……苔藓的生长，对时间既是体现又是指离的，其禅意，正由此体现。[2]

除季节的变化，苔藓是禅庭内唯一的见证，庭园内人是不能进入的，仅为人提供冥想——顿悟[2]，这一有关生命禅学的核心启示——以凝视禅庭的方式获得。顿悟仰赖于纯粹的、将自然视为有机整体的直觉，当然，这自然包括观者，也即凝思者，我们人类自身。它教导我们，禅即自然。自然不是"被迫"的呈现（如它在法国园林中那样），而是以人对之的直觉为准，总是与观者紧密联系——因此，这个禅庭的符号化处理，以其最单纯的方式，令人联想起以归纳法，甚或是归谬法而得到宇宙的整体观念。就像15世纪的禅宗大师铁船宗熙所言，龙安寺体现了"缩三万里以入咫尺之艺术"[3]。然而，我们绝不能将这种完善的形式与所谓"**法国园林**"相混淆，或者将禁止进入龙安寺禅庭与禁止在花园的草坪上散步相提并论。龙安寺只是促使冥想的一种辅助手段，它的完善并非为此，更不是为了别的什么，其存在乃我

(1) 达尼埃尔·夏尔（Daniel Charles，1935–2008），法国哲学家、音乐家。
(2) 原文为satori，即日文的"悟り"或"觉醒"，此处译为"顿悟"。
(3) 此处为1995年英文本增加内容，中文版据英文版翻译。铁船宗熙（Tessen Soki），日本室町时代禅宗诗人，据传是龙安寺禅庭的设计者。

们内心对宇宙的关照。禅宗哲学通过对主客体间并存的损益，以直觉体悟宇宙的完美。它并不像许多西方的神秘主义，通过献身于现世，而发现神的存在。进一步讲，它引发我们省思自身与世界之关系。龙安寺完美地揭示了智慧的光辉。

若日本禅宗花园，如龙安寺，揭示出所有符号的消解，那么，彭取在"小径分岔的花园"中，则试图将园林改造成包括所有可能意义的纯粹符号体系。在他看来，每一个意义，都使真实的园林得以存在。纵观历史，中国传统园林深受老子哲学和道教的影响。道家哲学揭示了作为自然的生命本质，以及自然的神秘精髓所在。道家认为，自然乃和谐的创造，存在隐藏的秩序，可通过直观的方式，由对宁静的体察，对自然节奏的沉思实现。以此自然主义为基础，观者总是服从于更大的事物秩序，并获得完美的、有关自然内在和谐的体察。因此，在这一生命哲学中，神秘的林木与象征的园林之间，存在密切的关联。如迷宫般的园林，依据这些原则被创造出来——园林，试图以有限的空间创造无限的自然——其结构性和图示性的影响，来自于中国再现自然的卷轴画。在此——典型地构成一种对**"远"**[1]再现的起始——中国卷轴画再现这些山水园林，以艺术的范式（绘画）描绘它们，模仿"自然"、模仿艺术（园林），但根本上，还是模仿自然。卷轴画和园林均带来愉悦、卧游、冥思和崇敬：卷轴画通过渐次展阅的方式，逐步揭示其描绘的场景；而园

---

(1) 原文为mise-en-abîme。"远"，为中国山水画中一个重要的概念，为北宋画家郭熙山水画论著《林泉高致》中所提出。实为"三远"，即"高远"、"深远"、"平远"。

林则被设计为"可游"，随时间推移，形成众多体验丰富的视点，从而，没有任何一个地方、对象或视点变得特别突出。这种园林的结构具有深刻的象征意义：人工堆掇的假山、被刻意修剪或培植的树（尤其是古松树）以及特意排布的置石，代表大自然的伟大与力量；花卉象征着不同种类的存在状态（比如莲花，就是完美的象征）；而庙宇则将场所标记为圣地，为沉思和祈祷提供场所。这些围墙内的庭院，见微知著地体现了神圣自然世界的宇宙图景。

在西方，意大利文艺复兴时期的园林，体现出对古代罗马的古典的重新发现。由此引起了对具有普遍代表性的线性透视几何空间结果的兴趣（就像阿尔伯蒂编纂的著作所描述的那样）；同时，开始流行在这些园林中以雕塑表现神秘主题（比如能引人遐思的，奥维德的《变形记》[1]），诸如此类的方式，总体表现为对图案布局的严谨处置。典型的意大利文艺复兴园林，以美第奇庄园[2]（约建于1544年）和埃斯特庄园[3]（约建于1550年）为例，均以多层台地式场地，组织所有别墅、造园元素和城市景观，以提供一个宏伟的园

(1) 奥维德的《变形记》（拉丁语：Metamorphoseon libri），是罗马诗人奥维德（Publius Ovidius Naso，公元前43年 – 14年）的作品，大约始作于公元1年或3年，完成于公元8年，是使用六步格诗体记录了关于变形的神话作品。《变形记》有15册，每册大概700~900行，描述了罗马和希腊神话中的世界历史。其中总共包括了约250个传说。从其第一次发行开始，《变形记》就成为了最受欢迎的神话作品之一，也大受中世纪作家和诗人的喜爱，因此其对中世纪文学作品以及中世纪甚至到巴洛克时期的绘画艺术有深远的影响。
(2) 美第奇庄园，即the Villa Medici，位于佛罗伦萨，意大利文艺复兴初期著名园林之一。
(3) 埃斯特庄园，即the Villa d'Este，位于罗马的蒂沃利，意大利文艺复兴后期著名园林之一。

林总体设计。园林不再是一个完全封闭的宇宙缩影，而是变成为一种趣味和力量的宣示，向世界赋形，并提供一种以上帝的眼光看待世界的方式。园林本身仍周以围墙，并延伸至别墅的庭院和门廊。遵循严格的几何原理，树木、喷泉、花坛和雕像等被规划成严整的格局。在这个整饬的环境中，古老的神话借由雕塑、马赛克、洞窟以及其他元素得获集中的展现。这些奢华的园林，纯粹是为了满足感官愉悦而兴造，而不是为了神圣的审美沉思或冥想。因此，园林中突然发现的视点和几乎完全隐藏的细节，使已高度凝练的文学和绘画典故增加了感官愉悦的效果。

这些影响在理查德·威尔伯 [1]的诗中被富于寓意地勾画出来。在"巴洛克之墙——夏拉别墅中的喷泉"[3][2]一诗中，威尔伯重申了指导意大利文艺复兴时期园林世界的两大对立的竞争精神：异教徒和基督徒，以及他们独特且不相容的趣味和道德规范。第一喷泉，尚存石头小天使与蛇，牧神及其随从们，是一个相当不同的完美对比；在描述圣彼得大教堂前的喷泉时，威尔伯历数异教徒"世俗的狂喜"与基督教徒"极乐的荫蔽"。在这样做时，他还揭示了一个重要的巴洛克的内在裂隙，大致分化为扭曲躁动的洛可可及其几近静态的、进一步地抽象化的、新古典主义元素的分歧。在勒诺

---

[1] 理查德·威尔伯（Rchiard Wilbur, 1921 – ）美国当代著名的诗人和文学翻译家。分别在1957年和1989年两度获得普利策奖。

[2] 有关这首理查德·威尔伯的诗，题为 "A Baroque Wall-Fountain in the Villa Scirra"。由于版权问题，原著者在1992年法文初版时将其全文译为法文，而在1995年的英文版中，即仅节录其中10行，在本次中文版翻译中，亦因版权问题，原著者就这一段落作了专门改写，删除了威尔伯的原诗，并适当调整了对该诗文分析的相关段落。威尔伯的原诗在网络公开资源中较易获得，因此，中文版不再收录原诗。

特的形式主义园林内，其核心也有类似的矛盾，巴洛克式动态与新古典式形式之间的紧张感——而这种紧张感，是通过跨越不同类型的渴求以及传递不同类型的乐趣实现的。

尽管意大利文艺复兴时期的园林预示了法国形式主义园林的某些要素，尤其是透视所体现出的极端的几何性；18世纪的英国园林则正相反，对17世纪法国形式主义园林采取了另一极端的反应。就像杜克的圣西门在其关于凡尔赛宫的著作《回忆录》中所指出的，法国形式主义园林的指导原则，是"暴政式的自然"[4]或"被强迫的自然"[5]；相比之下，英国园林遵循了完全相反的原则：尽量少地干扰自然。这种对自然及其本质的再发现，是那个时代思潮的核心特征，在当时的哲学、艺术等多个领域均有所体现。

沙夫茨伯里伯爵[(1)]，受新柏拉图主义的启发，坚持将新古典主义视为与生俱来的道德与审美意识，认为这些品味最终造就自然的完美秩序，以及精神世界的真、善、美。埃德蒙·伯克[(2)]在他具有影响力的杰出作品，《对我们思想中崇高与美的哲学探究》（1757年）中，区分了审美体验的两个核心特质：美的规律与和谐、崇高的暴力[并在伊曼努尔·康德的《判断力批判》中被进一步阐述（1790年）]。威廉·吉尔平[(3)]，在他的《如画之美、如画之游以及素描景观三论》（1792年）中，将埃德蒙·伯克如画的美学概念加以

---

(1) 沙夫茨伯里伯爵（The Earl of Shaftesbury，1671－1713），英格兰政治家、哲学家、作家。
(2) 埃德蒙·伯克（Edmund Burke，1729－1797），爱尔兰政治家、作家、哲学家。
(3) 威廉·吉尔平（William Gilpin，1724－1804），英国艺术家，牧师，以其著作《如画》而闻名。

扩展，将之定义为介乎美与崇高之间的某种概念，它基于"**诗情画意**"[1]而建构了诗歌与绘画关系的美学理论，亦即，景观应是适宜描绘的。顺理成章地，让·雅克·卢梭在其《新爱洛漪斯》（1760年）中，更将这种对自然本质的崇尚与神往进行了淋漓尽致的抒发。

英国园林的理想，是要在几近原始的状态——即通过情感的宣泄而追求所谓"野趣"。这导致了一种审美上的繁复：渴望将本来就像是乡村的地方，变成一个类似乡村的花园。诚如威廉·肯特[2]的格言："自然界就是一座花园"，花园成为自然内在的组成部分（这里，我们可以看到"博尔赫斯"者们关于迷宫难题的原型，就像他们在书中对世界的建构）。但是，就像英国园林的历史与风格一样，即便这种将自然与景观艺术混为一谈的观念，亦从未有其严整和理想化的原则。这些花园遵循两个主要的范式，分别由威廉·肯特和兰斯洛特的"万能"布朗[3]所开创。肯特的园林，如罗沙姆园，仿照古代理想景观的模式（而非"自然"本身），尤其是克洛德·洛兰[4]和加斯帕尔·杜盖[5]的绘画所表现出的，那种阿卡迪亚式或埃律西昂式的世外桃源景观[6]，常常

---

(1) 原文为ut picture poesis。
(2) 威廉·肯特（William Kent，1685–1748）英国唯美主义者、画家和建筑师，他是18世纪后半期风景式庭园进入全盛期的先导者。
(3) 兰斯洛特的布朗（Lancelot "Capability" Brown，1716–1783），更常见的称呼为"万能"布朗，英国景观建筑师。他被认为是"英格兰最伟大的造园家"。
(4) 克洛德·洛兰（Claude Lorrain，1600–1682），法国画家。
(5) 加斯帕尔·杜盖（Gaspard Dughet，1615–1675），法国画家。
(6) 阿卡迪亚（Arcadia），泛指希腊南部地区；埃律西昂（Elysian），指埃律西昂乐园，古希腊神话中可获得不朽生命者所去的乐园。这两者在西方诗歌和小说中，常被用来指代类似我国"世外桃源"的地方。

被造园家们从文学与绘画中复制或转化到他们所造的园林之中。那些被列为"如画主义"风格的园林，正如亚历山大·蒲伯[1]所言："一切造园皆景观绘画"，然而点缀于这些园林中废墟般的庙宇，其间透出对希腊和罗马文化的怀旧灵感，常将这种对景观的感受，引向哥特式的神秘与忧郁，而远离其自然主义的初衷。

另一方面，"万能"布朗的作品，如鲍伍德和布伦海姆花园，则代表了英国造园中摒弃所有表面上的艺术或人工技巧的自然主义倾向。这些空间最大限度的开放性——通过隐蔽沟渠的设置，而不是以墙标示出园林的边界，因它令人惊奇的效果，而被称为"哈、哈"[2]——他的作品往往因如此彻底地融入大自然中，不再令人感觉有任何园林存在而遭受非议。卢梭的理想认为，完美的园林是由人类的不在场才能达成的。这里，这些园林证明：完美的园林，是以"无园"方可达成的。或者，换言之，英国园林的本质，可以概括为李骚斯园林中的一个题碑，造园家威廉·申思通[3]自题于其上：神的荣耀归于乡野[4]——人的工作是无法超越神的。园林再次消失于关于自己的理想之中。

也正是在英国，特别在苏格兰爱丁堡附近，存在最纯正的哲思式园林——伊恩·汉弥尔顿·芬利的小斯巴达[6]。

(1) 亚历山大·蒲柏（Alexander Pope, 1688 – 1744），18世纪英国伟大的诗人之一。
(2) "哈、哈"，为时人对布朗造园所产生的惊奇效果的谑评，后亦指称布朗所造园林中的某些特征。
(3) 威廉·申思通（William Shenstone, 1714 – 1763），英国诗人、造园家，营造李骚斯园。
(4) 原文为Divini Gloria ruris[拉]。

芬利，一位具象派[1]先锋诗人，过去几十年来一直致力于创作其代表作，起初命名为**石径**，后于1977年更名为**小斯巴达**的园林。某种程度上，其作为抽象园林的特征，一个文字化的、诗化的、冥想的园林，或许最准确的是，一个概念园林。标志芬利审美风格的，是他一系列冠以"一言诗"之名的诗歌，其中一例简明扼要地说明了他的诗风，成为理解小斯巴达及其周边景观对比之关键：

Arcady 阿卡迪亚

ABCDEFGHIJKLMNOPQRSTUVWXYZ

这首诗可与彭取的符号迷宫作对比：书和园林是统一的，在其中，涵括所有关于宇宙历史的叙述。对于芬利而言，字母和阿卡迪亚也是一体的，只要每一个概念可以源自字母表中的字母，就像很多迷信中那神奇的命理。园林亦为概念。然而，彭取和芬利是截然相反的：前者通过复杂的文字叙述，在他的小说中铺陈其符号系统；而后者则将概念凝练，纯粹变成字母表，因而排除了任何的故事与叙事性。

芬利的花园"小斯巴达"是他真实的、"可居"的阿卡迪亚——由其间难以数计的"概念"雕塑，组成其自然环境——其中一个日晷上刻着"一缕阳光之所在"[2]；另一个做成鸟形的模型飞机，则题为"参拜埃斯特庄园"，其上的小鸟又像小飞机；一处片岩被命名为"核帆"；而另一个墓

---

(1) Poète Concret，指concrete poet，是用诗文组成图案或形式的先锋诗派。伊恩·汉弥尔顿·芬利（Ian Hamilton Finlay，1925 – 2006）即为其中的代表诗人之一。

(2) 原文为Locus brevis in luce intermissus[拉]。

碑上刻着"你的名字"，以及无数其他作品，多以军事为题材。这是一个只能确切阅读才可能进入的园林。事实上，芬利的园林基于他自己理论中理想符号的再现，理性主义的革命乌托邦，是献给他的英雄们，如圣茹斯特和罗伯斯庇尔的。

恰是这种历史的象征主义为芬利赢得了在凡尔赛宫苑众多园林中创建一处名为"革命之园"的园林设计项目。凡尔赛宫由于收到该项目涉嫌军国主义和法西斯主义的指控而最终取消了该项目。这场争论源于芬利在巴黎凯旋门的作品展中，标示OSSO，而这令人认为是德国党卫军的"卐"符号。芬利反驳说，在我们这个时代，这个符号只是等同于骷髅头加交叉骨头的标志，仅仅是个象征邪恶与死亡的符号而已。因而，在某些批评者们看来，这也同样象征了对军国主义的纪念。在此，我们必须记住，毕竟，凡尔赛宫苑，在它兴造的那个时代，也创造了一整套符号体系，以宣示绝对的、往往也是军国主义的、路易十四用剑征服法国的历史。这似乎说明芬利的批评者们此处过于字面化地解读了他概念性的工作[7]。无论如何，这种对其作品的压制，使之转化为纯粹概念性的纪念碑——当然，还有诗学上的评判。

我们兜了一大圈：从彭取以象征的迷宫引发对时间的思考，到芬利以文字融入对空间的思考；从路易十四治下凡尔赛宫丰富的太阳象征符号体系，到芬利在其凡尔赛宫苑作品中所回应的有关法国大革命的象征结构，这个结构如同在阅读为推翻帝制的圣茹斯特的檄文一般；从令人静心冥思的禅宗园林到后现代的概念性园林。或许，若能想象我们以野草的视角来书写园林史，无疑地，这会是如同伪皮拉内西[1]版画式的园林史。就像龙安寺禅庭中的苔藓是追踪时间的创造者，野草更像是时光流逝的破坏者。但是除了诸如革命、战争、审美与风尚变迁，甚至官僚化严重的委员会所作出的善举——比如公共安全政策或其他政策也会对园林产生影响。野草是大自然将园林转化成为它们原始状态的途径。奇怪的是，如此众多的对园林传统的考察，似乎都注重其本身为何，而忽视了园林精神或智慧的观念，失却了顿悟的极乐，没有了符号的迷宫，以及大自然的野趣和概念化的抽象。另外，也许这个研究工作的主题，法国形式主义园林，能帮助我们回归这些传统。当然，探索这些园林不同的审美诉求，也就意味着误读的危险。

真正的园林，意象的园林、反园林——这些空间会唤起思想、符号、情感。

进入园林之前，请先阅读吧。

(1) 原文为pseudo-Piranèsi。此处的Piranèsi，皮拉内西(Giovanni Battista Piranèsi，1720－1778)，是意大利著名的版画家，以其虚构绘制的罗马铜版画和作品"监狱"而闻名。

让我们流连于这欲望装点之地，其间幻想迭出、罪孽深重。

路易斯·阿拉贡[1]

《巴黎的农民》

(1) 路易斯·阿拉贡（Louis Aragon，1897－1982），法国诗人、小说家、散文家与编辑，法国龚古尔奖得主。

巴洛克的余响，新古典的变奏

　　"巴洛克"概念的模糊性，不仅包括事实上其并不存在单一的风格、历史时段或概念与之对应；更深层地，巴洛克显现出一种密切的不一致，这使得巴洛克所有形式蜕变为病态的虚荣及对人类存在之短暂与不稳定的表达。巴洛克的核心触及世界的终极完美，把握精准却瞬息万变，但尽管值此永恒的时刻，信仰与怀疑，在场与缺席，生命与死亡，庆生和哀悼等象征，均直指灵魂。

　　若用一个词来概述巴洛克风格的感觉，那将是"动态"[1]。这种有关身体和精神状态的形而上学影响，可以阐释为一系列词汇：运动，时间，变化，修改，转瞬即逝，不稳定，无常，循环往复，偶然，丰富，多样性，腐败，表观等。布莱兹·帕斯卡说："一切均为某种图解或运动"[2]。巴蒂斯塔·葛拉西安[(1)]亦言："运动乃生命之定义"[3]。柏拉图式的永恒，其理想在于不可改变的和谐与对称的几何学（体现在意大利文艺复兴时期最为显著）——无论人、神——在巴洛克时期均被活力所取代。克里斯蒂娜·比西-

---

(1) 巴蒂斯塔·葛拉西安（Baltasar Gracian，1601-1658），17世纪西班牙作家、哲学家、思想家、耶稣会教士，著有《智慧书》。

格卢克斯曼[1]在解释这个新的空间感知模式时称：

> 与同质化、几何化的笛卡儿式的固态空间相对，巴
> 洛克强调空间的开放与联系，以其不断扩展和转换的
> 形式，利用曲线和椭圆、空间的叠合唤起意义、演绎
> 光明与力量。这些拓扑空间中的所有性状，恰恰有效
> 地回应并强化了其所在基地的状况。[4]

固态化的回应基地被摒弃，代之以流动的、变形的、极富戏剧化的形式渐成常态。这在伯尔尼尼的创作中显露无遗，他于1665年游历至法国，并创作了路易十四的青铜半身像[2]。其"影像化"的特质被宫廷作家保尔·弗雷亚尔·德·尚特卢[3]所揭示。在创作这一胸像期间，伯尔尼尼要求年轻的路易十四来回走动，以捕捉其真正的王者风范，而不是让他坐在那里不动。伯尔尼尼尝谓："从来没有一个人，会在自己运动时与自身如此地相似。"[5]与17世纪的其他作品相比较，巴洛克盛期和新古典主义的影响，可通过比较伯尔尼尼的路易十四半身像与佛朗索瓦斯·吉拉尔东[4]和安东尼·柯塞沃克[5]的作品得出。后两者的作品稳重、固定不动，处于静态，几近于未老先衰的面具；而与之截然相反，

(1) 克里斯蒂娜·比西－格卢克斯曼（Christine Buci-Glucksmann），法国当代哲学家，巴黎第八大学荣誉教授，以研究巴洛克、日本和电脑艺术闻名。
(2) 原文此处附有伯尔尼尼该作品照片一幅，因版权问题，中文版取消。作品较为著名，读者可方便地在网络公共资源中见到。
(3) 保尔·弗雷亚尔·德·尚特卢（Paul Freart de Chantelou, 1609–1694），法国17世纪著名收藏家、宫廷作家，藏有大量普桑和伯尔尼尼的作品。
(4) 佛朗索瓦斯·吉拉尔东（François Girardon, 1628–1715），法国路易十四时代雕塑家。
(5) 安东尼·柯塞沃克（Antoine Coysevox, 1640–1720），法国路易十四时代雕塑家。

伯尔尼尼的作品则活力充沛，甚至雕塑躯体和服饰正准备冲破他们的物质界限，人物内心的挣扎被表现得呼之欲出。

17世纪法国从巴洛克向新古典主义的转变——其结果是在两个方面似是而非地混用——既是审美问题，又成为社会政治的理由。1668年，宫廷画家兼学院派首脑，夏尔·勒布伦[1]，伯尔尼尼的老对头，在学院一次著名的会议上作讲演，题为"表现的激情"。勒布伦的这项工作——一个审美和实践指南，乃基于笛卡儿的著作《心灵的激情》[6]（1649年）——研究以何种方式面对动态，从而捕捉其中的激情。与早期地形学和形态学的地貌科学范式不同——面部表情被理解为一种灵魂的静态反映，或如星象般体现注定的命运——勒布伦，模仿笛卡儿，解释称，精神取决于人体的方位和脸的表情："人的机器"取代了"黄道星座"。因此，面相转化为一个具有科学依据的，可度量的形态，其中的激情为编码所标志。像"**念力**"[2]这样的主观活动，个性化的表达，均可在新型的表达分类指南中被加以考虑。这种个性化的表达很快就被政治所利用。

审美层面上，这一关于面部表现的理论成为巴洛克式原则的高潮，但路易十四宫廷的社会政治将之转化为其反面。尽管笛卡儿式的激情遴选和分类模式，给予雕塑创作表现以极大的精确，但同时，这也允许了为了提高效率而对相似的激情及意义作类似的处理，就像能从动机而判断其后续的

(1) 夏尔·勒布伦（Charles Le Brun，1619-1690），法国画家和艺术理论家。被誉为路易十四时代"最伟大的法国艺术家"，他是17世纪法国艺术的主导人物之一。
(2) 原文为Kinesis，在亚里士多德哲学中，表示思维或情感活动的概念。

动作。正如让·雅克·昆汀[1]和克洛蒂娜·阿罗什[2]在他们的
著作《面向历史》中解释如下：

> 对笛卡儿知识的青睐——与他在17世纪上半叶在
> 宫廷中倡导斯多葛派的复兴有关——作为自己的奋斗
> 目标，超越"熟悉"而深入理解自身——包括控制个
> 人的激情。为了"训练"和"控制"，激情必须被研
> 究和辨识。而且，即使勒布伦绘画中平静的特征，在
> 表现与激情的关系上被描述得再高贵，也几乎是毫无
> 益处的巧言令色，它那看似平静的面容，激情被适度
> 控制的平静，被认为是画家通过研究和细致描绘了由
> 于可以控制内心激情而表现出的平和。平静的特征是
> 对内心平静的理想再现，尽管这内心或许仍遭受困
> 扰，画面主角也能很好地因应不同衣装而控制激
> 情——或者剥夺激情，就像一个演员由于角色和激情
> 的变化而进行的表演。[7]

这种系统的机制由路易十四宫廷所掌控，而新的艺术
趋势亦是对绝对君权的微观细化："监控政治"——以监控
手段来实现有效的宫廷礼仪组织和社会空间控制[8]。贵族亦
对此有所回应，这些宫廷的监控对象，不得不控制自己的表
达方式，比如他们的激情，以便不使外界觉得（无论是故意
或不由自主地）有反对国王的愿望和意图。礼仪被开发为一
个象征性的形式，始终适应拜占庭式的宫廷阴谋和政治礼
仪。以此揭示了正式的、近乎相术的水平，诺伯特·埃利亚

[1] 让·雅克·昆汀（Jean-Jacques Courtine），法国当代人类学家。
[2] 克洛蒂娜·阿罗什（Claudine Haroche），法国当代社会学家。

斯[1]，在其著作《宫廷社会》中称之为"信誉拜物教"：

> 它充当着个人位置的指标，在由国王控制的臣子
> 之间，保持着非常不稳定的权力平衡。所有这些行动
> 的直接使用价值或多或少是偶然的。这种纯粹的重要
> 性令他们认识到严重性，他们将他们所要表达的宫廷
> 政治、权力、等级和尊严赋予现实的意义。[9]

这个专制政体的起源——以扩展礼仪作为权力的工具——可以追溯至红衣主教黎塞留[2]，那个时代的精神领袖（在路易十三治下），组成它的政治理论和实践，权力固然是使用理性甚于蛮力，但并不意味着完全放弃后者。

拉夫莫斯[3]，他的同伙，惊叹道，这种监控政治允许"以眼睛发动战争"。这场"战争"的最终结果，在路易十四在凡尔赛宫临政时期而达到巅峰。在这里，人们谨小慎微、趋炎附势，人人自危成为一种社会常态。国王的面容就是这种宫廷面具的极端表现，竭力掩饰内心的意图，并且刻意维持这种标签化的形象：精于算计、深不可测——这种做作的仪态被葛拉西安称之为"政治假面"——成为宫廷作风的标志，并被推广为完美政治家的范式，类似于笛卡儿机械地将人自动分类[10]。

最终，这介乎假面与肉身、表面生活与伪饰死亡的行

---

(1) 诺伯特·埃利亚斯（Norbert Elias, 1897 – 1990），犹太裔德国社会学家。著有《文明的进程》、《宫廷社会》、《个体的社会》、《符号理论》等著作。
(2) 红衣主教黎塞留（Armand Jean duPlessis de Richelieu, 1585 – 1642），法国红衣主教，著名的政治活动家，1624~1642年间任法国政府首相；对内恢复和强化遭到削弱的专制王权，对外谋求法国在欧洲的霸主地位。
(3) 拉夫莫斯（Isaac de Laffemas, 1583 – 1657），黎塞留任政府首相期间巴黎城市事务的管理者。

尸走肉般的面容，变得不透明，并以一种神秘的、图像学的方式模拟激情；即便是最流畅、最巴洛克的形式，这样的面容也变成了颇具纪念性的纪念碑。

勒布伦在会议上有关表现的理论，即，称颂有形的动态与情感的易变，矛盾地达到了相反的结果：使创作严守某种范式来再现一个人的音容笑貌，成为一个毫无表现力的指南。而礼仪，虽然是个自定义系统，但其实质仍须遵循个人与社会内在的秩序。自身须被他者定义。与宫廷礼仪的要求一样，勒布伦的形态表现和将人物转化为偶像——就像以图像再现那么容易。这一审美规范固化了新古典主义的理想，使得对宁静的再现几乎被毫无难度地贯彻到美学、符号学、修辞学以及社会政治的方方面面——无论如何，尽管国王自始至终对伯尔尼尼的艺术相当激赏、充满热忱，但是，最终的作品，吉拉尔东和勒布伦的创作远较伯尔尼尼多。权力在宫廷中被绝对化，但其主要的推动力，当然仍是国王的一意孤行[11]。勒布伦并不是唯一的影响，让－巴蒂斯特·科伯特[(1)]，路易·勒沃[(2)]，克劳德·佩罗[(3)]最终导致皇家趣味的改变；或许因国王性格强硬，这影响既不是他成熟的趣味，也不是他随着年华老去而增长的德行。而最重要的是，宫廷生活的政治，要求一种全然不同的审美。

我们也可看到这期间在建筑领域的选择和风格，具体

(1) 让－巴蒂斯特·科伯特（Jean-Baptiste Colbert, 1619－1683），法国17世纪宫廷画家与建筑师。
(2) 路易·勒沃（Louis Le Vau, 1612－1670），法国17世纪宫廷建筑师，设计了路易十四时代的凡尔赛宫等著名建筑。
(3) 克劳德·佩罗（Claude Perrault, 1613－1688），法国17世纪宫廷建筑师、医师，在多个领域包括艺术及自然科学方面都有建树。

体现在为完成卢佛尔宫东立面所作的决定，那时，卢佛尔宫
仍然是路易十四主政的皇宫。被要求提交该项目方案的建筑
师中，就有伟大的伯尔尼尼。其最初设计（1664年从罗马送
出）是典型的巴洛克式：中心为一个椭圆形的主厅，两个椭
圆形的侧翼相围，并与中心主厅在长轴平缓相接。国王愉快
地认可这一设计的美学，但是科伯特却表示反对——比起对
美感的赞赏，他更注重对实用性和政治的考量。确实，或许
一个凹形曲线，对基地而言，尽管可以接受，但却并未很好
地回应与主入口的关系，而这几乎是不可逾越的障碍。接受
科伯特对此轮设计的批评后，伯尔尼尼提出下一个有点类似
的第二轮设计，称其专为巴黎而作。即便如此，他的最后一
轮设计，最终仍被驳回。然而，就是最后的实施方案（由路
易·勒沃、勒布伦、克劳德·佩罗共同设计）——其平直的
外观和相当严整的设计，整体上非巴洛克的做法——其实更
接近伯尔尼尼的第一轮方案。伯尔尼尼两轮方案与最终选中
的实施方案之间的关系，可以概括为让·鲁塞[1]的结论，即
巴洛克式的外观是文艺复兴时期立面的水中倒影[12]。这是真
正新古典主义式的立面，将文艺复兴时期的建筑原则和几何
对称生硬地推向极致[2]。我要特别指出，这项研究的最主要
预期成果，安德烈·勒诺特在维康府邸，凡尔赛宫苑和尚蒂
伊林园等园林中，将能够倒映的水池作为主要的景观特征，
如在尚蒂伊的镜面水池，就是一个以水景为主的园林。鲁塞

(1) 让·鲁塞（Jean Rousset, 1910–2002），瑞士文学评论家和法语作家，对
文艺复兴晚期和17世纪巴洛克文学深有研究。也将他归为日内瓦学派和早期结构
主义流派中的代表。
(2) 原文此处附作伯尔尼尼所作卢浮宫东立面改造方案图两张，分别作于1664年和1665
年，本次中文版因版权问题取消。两张立面图在网络公共资源中均可检索。

对巴洛克的妙语，不仅事实上对此类园林的设计加以概括，还暗示出在这些案例中，巴洛克和新古典主义的相互混用。

但事实上，伯尔尼尼自己（甚至赋予他的工作以一个巴洛克式感性的极端表现）却绝未区分这些不同的式样。相反，他看到了巴洛克与新古典主义对古代合理的继承，而这正是它们审美价值的最终来源。因此，举例来说，尼古拉斯·普桑[1]的新古典主义和伯尔尼尼的巴洛克对古代的回应，与其说是对立的，不如说在本质上是某种超越。伯尔尼尼在逗留巴黎期间主持学院。在这里，他对古代的赞誉、对使用这些他真爱的作品作为范本的坚持，给从学者对大自然本身加以研究和创造的机会。他对此事的想法，则追随了他那个时代的理想：

> 我向学院提出建议，要获得最好的仿古雕塑、浮雕和它们的石膏复制品，以服务于对青年艺术家的培养。通过这样的方式，使他们在从艺之初就树立一种美的理想，这将贯穿他们今后的艺术生涯，成为他们的指引。自然显露出的尽是些贫乏的高贵，设若年轻人的想象力毫无营养，他们将永远也无法接受精致与宏伟的影响，因为这些都不是在与自然接触中能够找到的。那些对自然的研究，势必要饱受歧视才能认识到他的缺点并加以纠正。[13]

这些相类的考虑，以一种完全不同的方式存在于笛卡儿哲学中，并指导了勒诺特园林建筑的美学。法国17世纪的

---

(1) 尼古拉斯·普桑（Nicolas Poussin，1594 – 1665），法国17世纪新古典主义重要的画家之一，黎塞留执政期间曾担任宫廷首席画家。

形式主义园林，尤其突出地体现了这种特质；此外，园林作为一个社会、政治和舞台设置被加以使用，而这更加剧了园林反自然的倾向。自然在此被转化为符号、象征和舞台。

卢佛尔宫被路易十四所继承，当他提出要将宫廷移往凡尔赛宫后，很快就放弃了作为施政所在地的卢佛尔宫。与此相应，卢佛尔宫的花园，杜伊勒里宫苑，也因这种"继承"而最后被御用造园家安德烈·勒诺特所抛弃[14]。勒诺特来自一个自1572年即开始掌管杜伊勒里宫苑的造园世家。勒诺特在卢佛尔宫追随西蒙·武埃[(1)]钻研以透视原理为实践科学根据的绘画（勒诺特是时遇到并结交了同为西蒙弟子的勒布伦）。1635年勒诺特成为国王兄弟的首席造园大臣，1637年，他开始在路易十三的宫廷园林中开展造园工作。那时的杜伊勒里宫苑——基本上，是一个典型的、完全照搬文艺复兴时期的园林，虽然相当地"现代"——这是他早期的第一个主要工作场所，但毕竟，勒诺特只是局部施加影响，并不能被认为是他的第一个重要作品——1661年，他为尼古拉斯·富凯在维康建造的府邸方可称为他的杰作。其实，我对杜伊勒里宫苑的兴趣，是关于它作为一种社会空间的功能，路易十四在其中首次展开他的宫廷活动，1662年，那场名为**"卡鲁塞尔"**[(2)]、象征"太阳王"就职的奇观演出[15]。虽然这已远远超出我们的故事，但在它之前一年，在维康府邸中就已开始酝酿了。

(1) 西蒙·武埃（Simon Vouet, 1590－1649），法国画家，将意大利巴洛克风格的绘画引入法国的重要人物。
(2) 原文为Carrousel。

园林：一个介乎野生状态与科学实验之间宏伟的存在方式——类似古代的金饰，通过迂腐的手工匠人之手，将人工多次打磨的水晶和地狱般"浪荡"的宝石做出秩序来。透过景窗看到的树木，看起来被特意地处理过，已完全不是一般树木的模样。

米克洛什·申古斯[1]
《走向独特的隐喻》

(1) 米克洛什·申古斯（Miklos Szentkuthy，1908－1988），匈牙利作家、小说家、散文家和翻译家。

维康府邸

隐藏的视域

根据数学公式建造一座园林，这样的奇思妙想，其形而上学为透视所隐藏，认识论被几何学所限定，修辞则由人们身体的运动所构成。法国的形式主义园林，是对深度的研究，激发了其中的运动，以狂妄自大的几何支持创作，却终结于一个绝对权力和欲望的支配。

莫里斯·梅洛–庞蒂在《眼睛和心灵》[1]中表达了对笛卡儿的赞赏与批判，阐释了笛卡儿如何经由思维范式的认知，通过图像来唤起思想中那些概念性的东西。神奇的图形被转化为科学知识，再现其衍生现象，视觉是揭秘感知世界的一个思想类型，将事物转化为标志，并为人所认识。这种人为的世界，一个平坦的画布表面上的投影或痕迹，就像是一个"变音系统"，**深度**具有从中推导出宽度和高度之间关系的功能，因此是一个名副其实的第三维度。空间，对笛卡儿来说，是一个思想的投影——是理想化的，均质的，各向同性的，可量化的，明确的，毫不含糊的，超越了视角——每个视点均可以推导或抽象出上帝的位置，对上帝来说，所

---

(1) 莫里斯·梅洛–庞蒂（Maurice Merleau-Ponty, 1908–1961）的著作，又名《眼与心》，国内有刘韵涵译本（中国社会科学出版社1992年版）和杨大春译本（商务印书馆2007年版）。

有的视点都可瞬间访问。这就是笛卡儿空间性的范式，其中，深度作为丧失知觉的一个结果。深度是推理所具有的功能；深度的存在正因为人不是神。

对于梅洛－庞蒂则相反，"**深**"乃一维的——而非具有三个维度。空间也不单纯是一个抽象的概念，更是身体内在的"**我能**"，是一个人能动的功能方式。深度是一个人的可能性，是他的未来，可以毫无难度地从世界获取相应的形态。然而，空间不是简单地呈现于身体前方，而是根据文艺复兴时期的经典线性透视系统的戒律，构造纯粹代表性的透视暗示。另外，身体周围的空间，前面和后面，过去和未来，人在其间，既是观者，亦成为被观察的对象。空间是一个模糊的领域，其间位置可变，视点成为场景，观者成为对象；其中深度正是"可逆维度"，它展现身体的运动，通过一个人手势的意义收集信息。

任何物体或空间都可能以无限的视点审视之，每一个不同的视点，创造出对象不同的透视；每个人都有可能成为潜在的，任意角度的观察者，从而感知并激活任何对象或场景透视化的再现。某些哲学表明，对象本身由它所有可能的视角组成。但是，这是一个理想主义者的自命不凡，因为每个对象，都是通过时间的推移与自身的运动，一点一点地逐渐显现其自身的。正是对象运动的这种不完备性、其偶发的不足之处，揭示出其现实的情况———个绝对的现实，却无法完全感知其不足（或思想）的对象。无论如何，优先的对象或场景的任何单一视觉再现（即任何独特的视角），亦同样限制一个人对世界的把握。对象，或场景，始终是不稳定的，其感性丰富、特质暧昧，这一切均导致我们既存的激进的透视主义。数学公式可能界定和分类这种透视，但它们最终凝聚成一系列静态的、毫不含糊的片刻凝视。这相当动态的模糊性，至少其具有的可变性，使任何自足的美学理论都不足以解释其现象。

减少可见的场景，在一个平面上以绘画再现，往往意味着牺牲——现实世界的真实写照——一定量的视觉信息和逼真呈现，导致两种维度（深度和时间）的损失。较之其他情况，某些再现系统提供更多的信息和更大的逼真。然而，这既可能是一个认知的损失，也可能同样是一种审美的增益——反之亦然。

某些文艺复兴时期从事线性透视研究的几何学家和画家，或许希望忘记这些深度和运动造成的紧张感，抑或完全忽视欧几里得的第八定理。这个定理——同样大小且平行的对象，其在视觉中的比例关系，与其到眼睛的相对距离成正比[1]——对现实中客观对象的再现原则，与其依据对象在人眼中所呈现的相对大小的图形加以确定的原则（就像文艺复兴时期的画家和光学研究者们所坚持的那样），毋宁根据视角加以选择。这种前人所发现的侧向变形定理，使得再现的完成被控制在一个视域的球形空间内，而不是一个平面，其核心则是眼睛发散的视觉锥体与视域相交确定的范围。这对文艺复兴以来所形成的系统推理的**人为透视**来说，是挺尴尬的，相比曲面而言，视觉上所说的视锥效应是来自古代的**自然透视**或**共同视域**。

这个模式，以观者位置所确定的环境空间，描述了一个循环，或是一个球体；它是一个连续变形的系统，意味着再现不单纯是一个完美的数学模型，而是生活愿景本身的原初形式。正如梅洛－庞蒂指出的，每个透视投影，经过一定程度的变形后，返回到观者的角度视之，就变得熟视无睹，纯粹成为深度潜伏的结果。在所有再现系统中，皆存在一个"根本的自恋视角"[2]。这种立场似乎使欧几里得第八定理**更有道理**。

　　可见意味着视觉，具体而言，虽不断变换，却仍必须基于人体的视点。但自恋的视野则具有一个激进标准以感知主体个性，甚至，它经由视觉本身的方式，将人体置于世界的场面之内，及人所观察的对象之间，同时，所有再现系统，都以假定观众处于理想位置的方式达成——使观众以最佳位置，获得足以体现审美效果的真实再现。因为主体性亦是主体间性[1]的（因为我们生活于社会性的世界），所以特定视觉效果总是处于每个人的观察之下。这就是总体观察的奥秘，在视点上，完整的对象，取决于他者的视线，而自恋亦为激情驱使，当然，也是他者的观察。可视性就是潜力，

(1) 主体性、主体间性，在哲学上均指主体及其关系而言。主体和客体（subject and object），是用以说明人的实践活动和认识活动的一对哲学范畴。主体是实践活动和认识活动的承担者，客体是主体实践活动和认识活动指向的对象。古希腊的亚里士多德用"主体"一词表示某些属性、状态和作用的承担者，在以后的哲学史上，在现实生活中，主体一词有时还在本体论意义上使用，如物质是一切变化的主体，主体结构等。主体以及与之相关联的客体在认识论上，是从17世纪开始使用的。笛卡儿把主体自我意识和客观现实世界尖锐对立起来，并以此作为分析认识特别是论证所谓可靠知识的出发点。（《中国大百科全书·哲学卷》"主体与客体"词条，p1240-1241）因此，主体性（subjectivity），一般指主体所具有的基本属性、状态或承担的作用。而主体间性（intersubjectivity），则是就一个以上主体而言成立而非纯主观地存在的一种性质。（[英]安东尼·弗尼主编，《新哲学词典（修订第二版）》，上海译文出版社，1992.1，p252-253）。

被动态和欲望所激发。

每一幅根据一点透视公理系统创作的画，必须被视为一个独特的视点：只睁一只眼睛，正对灭点（所有垂直于画面的水平线均在深度上汇聚于画面中的一点），并从距离画面大约高度三倍的位置看过去。当我们意识到，从任何其他位置的视点，都会创建一个扭曲的场景，也即，转变成一个巨大的变体画[1]，我们就会认识到这一再现系统极端的脆弱性。这种画面的投影，只有从一个地方看才完美；视角的扩大，距离变大或减小，不恰当的或过于丰富的视线，将之转化为一个抽象的概念。我们可注意到，虽然视点的移动性，有其内在的扭曲和悖论，但仍可在线性透视体系的边缘发现。虽然**人为透视**掩盖了**自然透视**的形式，但在其再现领域内的畸变，会到极其夸张的程度，尤尔吉斯·巴尔特鲁赛提斯[2]称之为"炫奇"或"堕落"的透视，即，由让－弗朗索斯·尼塞翁[3]制定并编撰的透视变形投影系统[4]，与此同时，笛卡儿也在他的著作《普通数学》中，专辟《光学》

(1) 原文为a vast anamorphosis，此处译为"变体画"，指具有极大的变形、扭曲的透视或使用特殊的设备、以非常特别的视角方能重建的透视绘画作品。后文中的"变体"，均指anamorphosis，是由希腊文前缀ana-（意为"归复"或"还原"）和morphe（意为"形状"或"形式"）构成的复合词。
(2) 尤尔吉斯·巴尔特鲁赛提斯（Jurgis Baltrusaitis，小巴尔特鲁赛提斯，1903－1988），立陶宛艺术史家，著有《变体画》等研究著作。其父（1873－1944）与其同名，为立陶宛著名的象征派诗人和翻译家。
(3) 让－弗朗索斯·尼塞翁（Jean-François Niceron，1613－1646），法国数学家、修士、变体画家，著有《奇巧透视（La Perspective Curieuse）》等透视学著作。
(4) 原书此处有一幅由让－弗朗索斯·尼塞翁绘制的有关透视变形的铜版画，表明了透视网格在变形之后如何导致所绘物体产生畸变。由于版权原因，且此图在网络资源中较易获得，中文版从略。

来回应。

巴尔特鲁赛提斯在他的著作《变体画》中，重新发现这种奇异的线性透视投影——对变体的使用，提供了一个极好的介绍：

> 变体画，亦即透视变形绘画，——这个词在17世纪逐渐形成，较之前已知的构成而言——这种画体是由元素和函数反演而来的。取而代之的，是其可见的限制逐步减少，同时透视变形趋于夸张，是一个超越自我投影的畸变形式；由此产生的后果是，从一个确定的视点，它们才能得以纠正：对一个画面细节漏洞的复原，意味着对整体画面的破坏。这种以技术好奇心的方式建立起来的画面，令它包含了一个抽象的诗学，一个强大的光学幻象的机制，以及人为现实的哲学……

> 变体画，亦即透视变形绘画，并非一个由视觉或心灵征服的现实畸变。它是一种光学的托词，在这里，显像蒙蔽了现实。这个系统被过度地阐述。其增加或减少的视点，将自然秩序悬置而不破坏它；但用同样的手段，透视变形的极端应用，却摧毁了它。这些通过对可见光视线的分解和重建而产生的图像，被普遍认为是16世纪的一种艺术奇迹，成为艺术家严守的秘密。随着这些技术公式的逐步推出，迟至17世纪，才出现关于透视的详尽理论和实践研究。变体，作为一个视觉机制，亦存在同样的历史原因。[3]

当然，艺术史中变体画最著名的代表性作品，是汉斯·荷尔拜因[1]的画，《大使》（1533年），现藏伦敦国家美术馆。这幅画表现了两位优雅但却世俗的大使，他们周围，摆满了经典的、宇宙研究的仪器，象征人类各种知识的符号——三能[2]（语法、逻辑、修辞）和四艺[3]（音乐、算术、几何、天文）。然而，在画面的底部，一个奇怪的、苍白的、类似骨头的物体，扰乱了其余的代表性对象。只有当从画面右侧一个极小的锐角看这个对象（现在称之为极端透视角度的视角），才发现：它原来是一个人的骷髅。同时，从侧面看时，也因透视变形，大使的大腹便便也变得极为消瘦，而成为几近幽灵般的人物。对人类知识的赞美转化为对虚荣伪善的讽喻——一个突出的事实是，画面左上角一个微小的十字架使这种虚伪更加凸显。因此，这个骷髅，通常在墓地之内的骷髅——显示了人类命运脆弱性和有限性的意象。但这种变形的投影不仅扭转绘画本身的含义，暗示每一位观赏者注意其说教的效果；它也从根本上破坏了一点线性透视系统，这意味着，每幅画都有一个独特的视点，达到最佳的光学和审美效果。对于《大使》，必须从两个不同的视角，加以赞赏和理解。因此，它转变了文艺复兴时期的绘画再现标准和观赏规则，并迫使观众认识到，静态艺术作品可能具有的可动性关系——对这种可动性的寓意研究，或许可以对园林建筑美学中的"互动唤起"方面的课题有所助益[4]。

(1) 汉斯·荷尔拜因（Hans Holbein，小荷尔拜因，1497 –1543），老荷尔拜因的儿子，16世纪著名的肖像画家，下文提及的著名变体画《大使（The Ambassadors）》的创作者。

(2) 原文为trivium。

(3) 原文为quadrivium。

这些透视变形的图像——往往会被扭曲并变得不可辨识——导致一点透视系统**事实上的解构**。从某种意义上说，若存在视觉的真义，它必会检视每个再现系统核心的不完善，以及其中可见视效的扭曲。

＊　　　　　＊　　　　　＊

梅洛-庞蒂，以他的美学为中心前提，引用保尔·瓦莱里[(1)]的说法，指出画家"将他自身"[5]融入作品再现。然而，在大多数文学作品的审美观察中，这仅仅存在于"主要"的建筑艺术和"次要"的园林艺术中，并且，艺术家，还有观众，实际上是可能以文字方式进入并探究透视投影，进而将自身融入艺术作品的。

这些完美的场景，在勒诺特为尼古拉斯·富凯在1661年设计完成的维康府邸中被营造出来。自城堡后面进入园林，从楼梯处展现出一个绝佳的绘画透视的中心，令人在第一眼就对园林印象深刻。在对称排布的树木、草坪、小径、鲜花、雕像和喷泉之间，中央大路的尽端可看到一个矩形水池，其中倒映着岩窟及其壁龛内的雕像。此外，在这个场景的消失点，是一个坡地草坪[(2)]。然而，其中通往水池的小径，因草坡向下略微的倾斜，而变得较为特别。继续缘路前行，会逐渐发现，这个园林远大于它初见时的规模，而这正在于组织地形起伏和进行总平面规划时透视技巧的运用——必须绕着第一个圆形水池周行（从城堡望去，因为透视变形

(1) 保尔·瓦莱里（Poul Valery，1871－1945），法国象征派大师级诗人，法兰西学院院士。作品有《旧诗稿》（1890－1900）、《年轻的命运女神》（1917）、《幻美集》（1922）等。
(2) 原文为vertugadin。

是椭圆形），不仅可以发现，从城堡无法看到的横向运河，而且还将注意到，刚刚经过的中央大路在一个较低的平面仍然延续。其实这些差异在最初的总体布局中即被加以考虑。继续沿中央大路走向第二个水池（现在它看起来是正方形），倒映其中的窟龛雕像看得更加清晰。但是，一旦开始绕池周行，并想到达岩窟和之前的坡地草坪，就会意识到，岩窟和水池的关系是歪斜的，忽然之间，这里的真相和花招都被真实呈现出来：岩窟其实远低于水池，并与它间隔着将近一公里宽的横向运河（其效果达到了利用欧几里得光学第十定理的一个推论，推论指出，在视平线以下的物体，距离越远越显得高）。发现这一情况的极端讶异和愉悦，是穿越地形的经验建立起来的，园林静态视图与从城堡开始游园的动态景象之间审美的差异，是由一个数学定理在现实中实现的快感。这个园林，同时是幽怀抒情和数学证明的。

然而，这发现尚不是最终结果。为了探索岩窟，游人必须穿越隔离了水池和岩窟的大运河（或许在富凯的时代，运河中为此而遍布游船）。漫步于此，园林——从横向运河任一远端——反映了纵截面，提供远处丛林不同距离的视界，也就是说，什么不是园林。其后，面对岩窟，原先被视为雕塑的部分，现在则是由石头堆掇而成的无定形的假山。

第一幅插图（图1[1]）通过线性透视的几何原则，构建出游人从园林中轴线望出去的场景（这与最初完美的中央"视野"不谋而合），创建了一个扭曲的宏大场面。而后一幅插图（图2，从"雕像"延伸的视角），为减少由于距

----

(1) 这里指本书的插图。

离的影响造成画面细节的损失，则采用了鸟瞰视点。透视变形和插图，都是为了保证运动性，而运动性则是"观"的先决条件。

最后，伴随着这些不断涌现的诡计造成的惊诧，游人会来到之前坡地草坪的方位——此处可由城堡看到，恰是那一场景的灭点——俯览整个的园林规划，并可从坡地草坪眺望城堡（图2）。从城堡到坡地草坪"露天剧场"的游踪，最终翻转过来，不仅揭示出这园林完美的闭合形式（以奇妙的比例给人以视觉享受），而且揭示了其自身以线性透视设想的内在体系。从当前园林的"终点"，我们可看到城堡宴会厅的穹顶，从而，我们初步感性地意识到我们游览的意趣。游踪行为本身标志了空间的封闭，并使游线象征性地增加一倍，经过漫步式的游历，贯穿具有可逆性的视点和灭点。

这是对可逆性最直接的披露：视点成为场景，地平线又成为视点，隐含了在一个连续体系之内独特的视点和灭点功能的不断变换，并在游历展开过程中呈现出来，产生了令人惊讶的效果。进一步讲，就是各种视点以不同的方式被加以呈现，无论是从城堡的视角展示的"完美"立面，还是从坡地草坪上部放眼望去所看到的景象，皆是如此[1]。

查看这两个视点之间的差异，并非在揭示园林设计的缺陷。相反，这种视点间的差异性（视点遵循园林营造"如

(1) 原著中，此处有四幅法国宫廷画家以色列·西尔维斯特（Israël Silvestre，1621 −1691）绘制的维康府邸铜版画，展示了维康府邸的这种基于线性透视的造园意象，由于版权问题，本次中文版取消了这四幅铜版画，读者可方便地在网络检索到相关版画。

画"的逻辑，视点本身实际上也可被无限扩展），揭示出游人知觉的真相和所有美学意图的局限。实际的景致与意象始终超越园林营造的理想，这将陷入无限的网络——其间经验的可能性和意义的象征性互相交织在一起。关于一点透视的论著《建设的合理性》(1)，被视为对视觉真相的一个非法裁决者、对多重价值和多义空间的一个象征性的"经典之作"。但事实上，勒诺特在其原始的设计草图中，以轴测透视支持了这些主张。在这些图纸中，总平面规划以鸟瞰呈现出完美的视角，而对象则以斜的角度表现，这样两相分立且各具特点的信息系统，代表了园林营造理念上的矛盾之处。

事实上，各式各样混杂的信息系统和表现方式（如在《大使》中，相对简单的线性透视与深思熟虑的变形投影，以及在维康府邸中表现出的复杂得多的方式）是难以削弱我们的认知能力的。相反，它增强了我们有限的思想和情感的延伸。爱德华·R·塔夫特(2)解释道，在不同的脉络下，定量信息的表现：

> 我们在信息爆炸的世界茁壮成长，因着我们自身的奇妙和日常生活的能力而去挑选，编辑，分拣，建构，突显，分组，凑对，合并，统一，综合，集中，整理，浓缩，减少，归结，选择，别类，编目，分类，提炼，抽象，扫描，检视，理想化，隔离，歧

---

(1) 原文为意大利语construzione legittima，是文艺复兴时期画家（尤其是阿尔伯蒂）使用的一个有关透视的词组，因当时这个词组主要用来讨论在建筑设计以及透视绘图中的虚拟视线和类似法线的内容，此处翻译为"建设的合理性"。

(2) 爱德华·R·塔夫特（Edward R. Tufte, 1942 - ），当今著名的信息可视化方面的专家，致力于用科学和艺术的方式将信息展现出来。

视，区分，截屏，排序，挑选，归类，整合，融合，
平均，过滤，一撇，跳过，流畅，组块，检查，近
似，集群，聚集，大纲，总结，审查，浸入，翻阅，
浏览，速读，检索，略读，列表，搜集，摘要，去芜
存菁，并区别山羊和公羊。[6]

如此这般，**比照**[1]，认知和感性在任何艺术作品的创
作中，被滥用于任何的美学陈述中。一种美学理论的提出
鲜有虑及特定情况下艺术品的复杂性，并低估了观众的体
察能力。

经典的欧几里得几何学——文艺复兴时期的线性透视
体系因此被建构，尽管主要的尴尬亦在于欧几里得的第八定
理———条线是一个稳定地面上的平衡图形。然而，现代的
几何学家和艺术家均认为，直线也是不平衡的来源，梅洛－
庞蒂则将之描述为"限制，隔离，规范一个预先给定的空间
感觉"[7]。勒诺特直觉地预计到了梅洛－庞蒂对笛卡儿的批
判，并将这些整合在他维康府邸园林的一个长廊中，在此，
他使游人在闲庭漫步的同时，真切地感受到不平衡的斜线似
乎是完美的，但实际上，却是模糊的，情境认识论和形而上
学寓言的深度，在此园林中取得了不平衡的效果。步移景
异。完美正在于含蓄。超越是公认的又一内在的情况。正如
吉尔·德勒兹解释说，在另一文脉下，"可视性并不仅仅是
被视觉所定义，而是复杂的行为和激情，行动及反应，多感
官的复合方能实现的"[8]。

---

(1) 原文 为mutatis mutandis。

*　　　　*　　　　*

　　1661年8月17日傍晚6时许，维康府邸园林迎来了它的巅峰时刻：路易十四临幸他的财政大臣尼古拉斯·富凯特意为他安排的晚会。众所周知的故事是：在晚宴行将结束之时，富凯慷慨大方，或颇为不屑地承诺要将园林作为礼物，送给他的国王。这奢华的礼物被路易十四拒绝了。不久之后，富凯获罪并被终身监禁，维康府邸旋即废弃，因为国王要在凡尔赛实现超越维康府邸的梦想。

　　考虑到勒诺特营造的凡尔赛宫苑，基本上沿袭了维康府邸的平面设计原则，但却更宏阔，充满艺术品、路径和鲜花。然而，两者或许真的如此相似（正如园林史中总是强调的那样），两个园林之间的相似之处主要在总平面规划，但是，在透视效果上，却绝难看出半点相似。不像维康府邸，凡尔赛宫苑没有什么特别的长廊，尽管同样具有强大的中轴线，但这实际上，导致了多种可能的**消遣活动**。两个园林，灭点均消失于地平线，达于无限。但相较凡尔赛宫苑，主要的差异，在于维康府邸的尽端——在茂密树丛合围中的"海格力斯"大力士雕像[1]，标志了最初场景的结束——而从这个遥远的端点回望，花园和城堡变得几乎看不见。凡尔赛宫苑的尺度，并不是同人的视觉相适的：维康府邸园林和凡尔赛宫苑之间结构性的差别，在于这种对人感性的相称与不相

(1) 赫丘利 (Hercules)，罗马神话人物。希腊神话中对应于海格力斯 (Heracles)，又译为赫拉克勒斯。宙斯与阿尔克墨涅之子。他神勇无比，完成了12项英雄伟绩，被升为武仙座。此外他还参加了阿尔戈斯远征帮助伊阿宋觅取金羊毛，解救了普罗米修斯等。有关他英勇无畏，敢于斗争的神话故事，历来都是文学艺术家们乐于表现的主题。

称。路易十四的凡尔赛宫苑，似乎是对维康府邸园林的失当的模仿，这直接来自于皇室对富凯的愤慨之情。

无疑路易十四对他的形式主义园林产生着深刻而无形的影响，他撰写《凡尔赛宫苑导览》[1]，一个针对凡尔赛宫苑的游览指南（按照国王的游线），在其中，他详述其想让游览者参观的建议[9]。这条游线的第一个版本写于1689年，而最终的版本，是在1705年完成的。如果游览者欲访问特里亚农，那么，完整的游览几乎要花整整一天。完整游览的线路，自离开城堡后，基本如下：橘园，迷宫林园，舞厅，风车状的旋转烟火[2]，柱廊林园，阿波罗泉池，大运河（自此人们可步行或乘舟出发，前往马利尔和特里亚农，这取决于人们如何决定，另一种可能则是自此折返回城堡），阿波罗浴场小林园，恩克拉多斯[3]，会议室，水山林园，水剧场林园，沼泽林园，三座喷泉，龙泉池，海王星泉池，凯旋拱门和金字塔泉池。安德烈·费利比安[4]认为，这样一个根据国王游踪的导游是必要的：

> 人们可看到园林中的那些封闭的小林园。但这里却是一个无穷大的对象，引人注目，采取何种游览方向则往往是混淆的，其最好的方式，当按照我标示出的顺序，以便看到每一事物的承继而不累及自身。[10]

(1) 原文为Mannière de montrer les Jardins de Versailles。
(2) 原文为Girandole，泛指17~18世纪，法国装修豪华的室内装饰的带有照明和镜像设备的装置，装饰华丽，多成对使用。
(3) 恩克拉多斯（Enceladus），希腊神话中的一位因为反对宙斯而战败，后来被雅典娜埋葬在埃特那山下的葵干忒斯之一。
(4) 安德烈·费利比安（André Félibien，1619–1695），路易十四的编年史臣，负责宫廷艺术等职责。

这随意的游踪设置，恰如圣谕一般，是对维康府邸园林理性可视性的反叛。伴随着游线的展开，也有适当的"方式"观赏凡尔赛宫苑：路易十四的训谕往往如此，"我们应当驻足沉思"——一种静态的，没有活动的注视——好像这缺乏形式一致性的园林，将在对其多样场景的静观中获得补偿。

城堡和中轴线上地平线的消失点，代表的只是随机的时刻；而再没有什么正式的封闭游线比连续8小时的观览更疲累——伴随观览行进过程中连续不断出现的、对视野和景致的惊叹（但是毫无联系可言），无处不显露出皇室的荣耀和虚荣。事实上，凡尔赛宫苑的物体系和机械工程缺陷亟需这样一个支离破碎的动态体验。例如，水压不足使得所有喷泉不能同时工作。因此，只能提前预知游踪，只在国王的视野范围内开启喷泉。这种水利配置的实践"逻辑"（其实是必须的），恰巧完美地同园林美学取得一致。此外，凡尔赛宫苑短暂的创制——多个团队近半个多世纪的努力——造就出的园林，亦在不断地修造过程之中，因此，某种意义上讲，园林永远处于未完成。正如帕拉丁公主所言，"凡尔赛宫苑中没有哪个景点的修改少于十次以下。"

因此，凡尔赛宫苑，与其说是一个夸张的维康府邸的翻版，还不如说，是对其整体视觉逻辑的抑制，充满嘲讽意味的是，这种抑制是在一种毫无逻辑可言的专断下浑然不觉造成的结果。

*   *   *

园林常被视为微缩宇宙，世界的符号；迷宫，甚或只是作为乐园的象征，尤其我们悠游其间之时，更是如此。维康府邸和凡尔赛宫苑都为迷宫着迷，凡尔赛宫苑内的迷宫则是其**国王巡游之旅**[(1)]的起点。确实，这个迷宫在凡尔赛宫苑中象征了某种无形式感的辉煌。夏尔·佩罗在《凡尔赛的迷宫》中，发现了此种对阿波罗之爱，他写道：

> 无论如何……我将你所有的荣耀给你，并允你掌控一切，像你赐予我的迷宫般久长，我如此深爱着、并令我接受完美之迷宫。因为你知晓，我即迷宫，经常迷失。

富凯，如保罗·毛杭[(2)]在《富凯，太阳的困扰》里叙述的，被描写为一个非常特殊的犯罪——集荣耀与权贵于一身的僭越者[(3)]，而这集中体现于在维康府邸举办的盛宴之中，极端的财富转化为激情和想象，进而营造出一个理性的奇迹和愉悦的骗局。富凯的灵魂，一如塞维涅夫人[(4)]坚持认为的那样，"如迷宫般错综复杂"[11]。这如迷宫般的复杂，不仅表现在他自己复杂的财务状况，还包括他的那些风流韵事，一个女人在写给他的一封著名的匿名信中，透露了后者的复杂性，她在其中写道："我痛恨这罪恶，但我害怕这是必然的，这就是为什么我给您写信并请您尽快来看我"[12]。在富

(1) 原文为itinéraire du Roi。
(2) 保罗·毛杭（Paul Morand，1888－1976），法国著名作家，法兰西学院院士，外交官，被誉为现代文体开创者之一。跟法兰西学院文学大奖并列的保罗·毛杭文学大奖就是以他的名字命名的。
(3) 原文为lèse-majesté—lèse- splendeur。
(4) 塞维涅夫人(Madame de Sévigné，1626－1696)，法国书信作家。其尺牍生动、风趣，反映了路易十四时代法国的社会风貌，被奉为法国文学的瑰宝。

凯接受审判期间，此信被归因于一百位路易十四宫女中的某位，其中的许多人，无疑都可随意地漫步于迷宫般的凡尔赛宫苑，仅此而已，却成为历史上持久流传的激情轶事。信中提及的"必然"，乃是一个委婉的渴望——在这种情况下，很可能也只是个"恰如其分"的渴望——既因为这百名宫女的渴望，也因为富凯灵魂的迷宫。富凯确实是百虑一失：他自身的过错，正在于他将激情转化为奇观，犯了虚荣的罪孽。

对**虚荣浮华**[1]的迷人的再现，徘徊于忧郁与得意之间，以最终的死亡作为人生最后的缺席，而以奢华的铺排作为浮生短暂的在场——恰如吃剩的水果，因太成熟而行将腐烂；或如刚熄的蜡烛，虽灯芯仍有余热，却难免烟消云散；又如气泡反射的幻象，总在破爆的临界；亦如碎镜与陨蝶……或许我还可以在这些几何式园林上再添加更多死亡的意象，不是固定的，却是永恒的困扰，那代表了不断死灰复燃所预示的生死轮回？

笛卡儿的《第一哲学沉思录》——其极端严苛的理性基于对疑惑现象激进的批判——可被视为一个传统再现**虚荣浮华**的夸张实例[13]。事实上，纵观整个西方形而上学的历史，由此可见一斑。在维康府邸，**虚荣浮华**最初为严密的透视逻辑所掩盖，只是以同样的逻辑呈现出版画般的结果。相反，在凡尔赛宫苑——太阳王虚荣心的极端表现——**虚荣浮华**在于显而易见的规模、无处不在的神化为太阳王的象征、

(1) 原文为拉丁语vanitas，原意"空虚"，亦有"世间一切皆为虚荣浮华"之意。后也特指16、17世纪北欧（尤其是弗兰德斯）绘画中的一类静物画，此类绘画中，多出现骷髅头骨、腐烂水果、气泡等象征死亡和瞬间破灭的要素。

以及象征性的延伸至无限远的灭点效果。但它最终在游览园林的过程中被遗忘于无形的迷宫之内——国王的游踪的必要性，不仅是此种虚荣表达的最终救命稻草，而且也是其终究失败的标志。

18世纪来临之际，富凯仍在漫长的终身监禁之中服刑，直至他死亡前一个月，勒诺特带领路易十四参观了凡尔赛宫苑。我们不知道他们游踪如何，是否根据了太阳王的圣谕，或是勒诺特重新提出了一个可行的游览线路。然而，勒诺特想必清楚所有他造的园林真相均皆是基于外观，毫无疑问，路易十四则确信这外观基于真理。勒诺特当然知道，凡尔赛宫苑，某种意义上，不过是维康府邸的翻版，而路易十四毫不犹豫地创建它以替代维康府邸，不过是以造园艺术为宣示他的绝对权力提供一个场景，一个因富凯灭亡得以强化的权力。

这种自内而外的逆反状况，与对激情和力量的迫切需要密切相连，并在这里呈现为特殊性和普遍性之间关系的一个教训。吉尔·德勒兹解释道：

> 自然而然，自有其非凡的变迁与嬗递，人的普遍性或永恒，只是短暂的光阴，一个历史阶层就这样诞生了。唯一的情况，自然被阐发为彻头彻尾的数学，"形式化的开端"恰巧与普遍的现象相吻合。[14]

事实上，绝对权力的依据并不是"天授神权"的理论——更多的是掩饰于体制内的权力——但是却体现出特殊性和普遍性的一致。迷宫（凡尔赛宫苑）赋予这一理念最纯粹的形式，而维康府邸则是造园艺术中最接近这一理念的。与前者非正式的原则相对比，后者的形式化的手法：遗忘的紧张感与基于数学的形式主义的清晰度互为对照。虽然路易十四兴造凡尔赛宫苑的动机，是为了忘记维康府邸，但却使勒诺特处于悖论的境地，显然，它们分别代表了意趣迥异的两个极端。

如今，漫步于这些林园胜境，我们只能讶异于这些光学的和象征性的效果。但是，毕竟，我们自己的符号系统的王国，我们的本性，不过是对另一时代形式的确认———如那些17世纪的游园者那样。

哦！我说，这废宫会成为什么？

它已倾颓了！

又能怎样？

它自然如此。一个男人，带着骄傲与渴望，妄图在此征服自然；他修造华厦，对利益贪得无厌，他反复无常、任性而为，榨干了他所有的子民。在此所有的财富王国也被吞噬。在此以河流的泪水创建了泉池，使其失却自然本性。看看这上百万双手苦役劳作创造出的庞然大物。这宫苑在其创设之初就是造孽，不过只是其营造者的丰碑。国王，还有他的继任者，因害怕被镇压而被迫逃离此地。这些废墟向所有的当权者痛诉着，那些一时的权力的滥用，只不过在向后辈透露着他们自己的软弱。

路易－塞巴斯蒂安·梅西耶[1]

《2440》

(1) 路易－塞巴斯蒂安·梅西耶（Louis-Sebastien Mercier，1740－1814），法国18世纪剧作家、编年史作家，著有《巴黎画卷》、科幻小说《2440》等著作。

凡尔赛宫苑

太阳的版本，可怕的差异

1662年，路易十四（太阳王）在他自己的《回忆录》中，解释了选择太阳作为自己象征，并将之作为统治符号的理由。尤其在**卡鲁塞尔**一章中，他这样写道：

> 我们已挑拣太阳，作为我们自身的代表，根据这种艺术的规则，这是最为高贵，并且，就其品质，围绕着它的辉煌，它的光传达到其他恒星，其组成就像宫廷一般，光为世界所有多样化的气候条件提供了平等与正义的分享；它无处不在，赓续生产生活，欢乐，并周行处处，它不间断的运动，似乎永远宁静、恒常不变，却从未偏离或漫游，无疑太阳是最生动、最美丽的形象，能与一个伟大的君主相称。[1]

1662年6月6日，当着15000名观众，**卡鲁塞尔**，以中世纪赛会的形式，使国王与他自己太阳神话的创立有了一个公共庆典的机会。活动主要展示五个方阵，分别代表不同的国家，每个方阵由其首领和十个骑士组成。国王身着帝服，扮演罗马帝国皇帝。他的盾牌上铭刻着Ut vidi, vici（"**凡我所见，便即征服**"，是拉丁语Veni, vidi, vici "**凡我所见，**

便即得获"的改写⁽¹⁾），同时还有太阳驱散乌云的徽标。方阵中每个首领和骑士，盾牌上亦刻铭文和徽标，强调他们对国王的服从，并强调以太阳为中心的象征意义。例如，国王自己的方阵，宫廷的维沃讷⁽²⁾，第一个成员展示出一面镜子，其上写着如下句子：Tua munera jacto（"**我展拓您的恩泽**"）²。

开创这种象征的历史条件，可以启发我们对路易十四治下专制主义的起源加以解释。1644年4月，路易十四宣布其极端的君主专制口号，"L'État, c'est moi"（"**朕即国家**"）；1661年3月9日，红衣主教马扎然⁽³⁾死亡后，来参加追悼的国王决定独自统治，他宣布："La face du théâtre change"（"**改朝换面**"）；而1661年8月7日，他参加了维康府邸那次著名的标志富凯灭亡的宴请。富凯的衰落，允许国王建立绝对的权力，控制国家财政，确实标志着一个新的皇家舞台的创建：那就是凡尔赛宫苑。

在富凯被监禁、维康府邸被废弃（实质上是象征性的废弃）之后，路易十四旋即开始对他父亲路易十三在凡尔赛的狩猎小屋进行翻新和扩建的工作。该工程将继续到下个世纪，不仅请来共同修造维康府邸的几位艺术家（造园家安德烈·勒诺特、建筑师路易·勒沃、画家夏尔·勒布伦），同时，也把维康府邸的规划引入凡尔赛宫苑规划，而且，明文规定这宫苑作为胜利的标志，要利用维康府邸的园林物资作

⑴ 此处是对这一句话的出处的解释，译文保留了原文，以示源流，下同。
⑵ 维沃讷（Vivonne），法国西部城市名。
⑶ 马扎然红衣主教(Cardinal Mazarin，1602－1661)，又译马萨林枢机主教，法籍意大利政治家，路易十三、十四时期法国的主政者，直到其去世，路易十四方亲政。马扎然的对内对外政策，为路易十四的专制王权奠定了坚实基础。

为"战利品"：例如，据记载，在1661年至1662年冬季，约有1200棵树被从维康府邸移栽到凡尔赛宫苑。

众所周知，太阳的象征是遍布凡尔赛城堡和宫苑的意象。安德烈·费利比安，国王的编年史臣，这样解释道：

> 指出太阳的象征是国王的意图是必要的，诗人将阿波罗与太阳并举，没有一处建筑不是与此保持联系：并且，所有设计的数理和预设的装饰，除了其与太阳的确切关系应具有明晰的位置外，其余亦均皆不可随意布置。[3]

路易十四个人的象征演变——从它的起源，古代罗马的象征符号，直至最后，凡尔赛宫廷礼仪的特殊符号——通过这个象征性的重大时刻显露无遗。**卡鲁塞尔**庆典（1662年），以及首次在凡尔赛宫苑的主要宴请活动**岛上的狂欢庆典**[(1)]（1664年）中，均以丰富的场景，竭力模仿古希腊、罗马、中世纪、以及当时的神话；在1668年7月18日举行的宴请中，太阳的主题被直接地表现为花神的芭蕾舞，国王本人扮演太阳神阿波罗，其他的角色则代表四星宿；最后，在1682年，宫廷明确移至凡尔赛，伟大的宴请时代方告结束，并开启了一个时刻夸张且倾重礼仪的时代。路易十四时代权力与激情的转换逻辑，可据此类事件的象征意义而获得认识[4]。

这种象征主义的符号不胜枚举，亦大量体现在凡尔赛宫苑的多个方面。太阳神阿波罗的象征意义，主要表现如下：在中轴线上的凡尔赛宫苑——统领城堡和草坪[(2)]，并延

(1) 原文为Les plaisire de l'île enchantée。
(2) 原文为tapis vert。

伸至大运河，使之消失在无穷远处遥远地平线上的两团林木之间，所谓"海格力斯雕像"处——中轴线之间有三个泉池：水泉池（反射景物的水池，于1684年至1685年间建造），拉托娜[1]泉池（勒诺特于1666年建造），以及阿波罗泉池（始建于路易十三时代的1639年）。在拉托娜泉池中，有加斯帕尔·马尔希和巴尔塔扎·马尔希[2]兄弟于1668年至1670年间创作的大理石雕塑，描绘了拉托娜和她的孩子们，阿波罗和妹妹狄安娜[3]，恳求丘比特惩罚迫害她的吕西亚农民。对这些农民所施加迫害的处罚，是将他们变成青蛙。再往前的阿波罗泉池内，是一个由让－巴蒂斯特·图比[4]1668年创作的镀金的雕塑，描绘了阿波罗驾驭着由四匹马牵引的战车，周围是四个特里同[5]和四个海怪。让·德·拉封丹[6]在他的诗歌"恋爱中的丘比特与普绪喀[7]"（1669年）中，称

(1) 拉托娜（Latone），罗马神话人物，对应于希腊神话中的勒托，她是宙斯的众多配偶之一，并且是阿波罗与阿耳忒弥斯的母亲。

(2) 加斯帕尔·马尔希（Gaspard Marsy, 1624/5－1681）和巴尔塔扎·马尔希（Balthasar Marsy, 1628－1674），法国雕塑家兄弟，受聘于路易十四，并为其凡尔赛宫苑创作了大量雕塑作品。

(3) 狄安娜（Diane），罗马神话人物，相当于希腊神话中的阿尔忒弥斯。她是希腊神话中的月亮女神与狩猎的象征。她是宙斯和提坦女神勒托的女儿，也是太阳神阿波罗的孪生姐姐或孪生妹妹。

(4) 让－巴蒂斯特·图比（Jean-Baptiste Tuby, 1635－1700），意裔法国雕塑家，凡尔赛宫苑阿波罗泉池内雕塑的创作者。

(5) 特里同（triton），是希腊神话中海之信使，海王波塞冬和海后安菲特里忒的儿子。他一般被表现为一个人鱼的形象，上半身是人形但带着一条鱼的尾巴。像他父亲一样，他也带着三叉戟，不过他特有的附属物是一个海螺壳，用来当做号角以扬起海浪。

(6) 让·德·拉封丹（Jean de La Fontaine, 1621-1695），法国诗人，以《拉封丹寓言》(Fables choisies mises en vers)留名后世。

(7) 普绪喀（Psiché），希腊神话人物，貌美，为维纳斯所嫉，派丘比特以箭射之，然丘比特自己中了爱情的魔力，劫之而去，两人相恋后被分开，饱受爱恋之苦，后成为丘比特之妻。

颂这一艺术作品，诗这样写道：

> 当夜幕降临，
>
> 在那急行的战车上，
>
> 王子和他的宫廷使臣，
>
> 同去品尝新鲜。
>
> 太阳神，以它独特的方式脱颖而出，
>
> 向观者显示他们的排场与财富。
>
> 日神也嫉妒焕发活力的法国君主；
>
> 人们都不知道该热爱哪一个：
>
> 因两者都充满辉煌、荣耀四射。[5]

　　这载着天外来客的战车，实际代表了太阳自身的运行轨迹，因为周行凡尔赛宫苑的游线，确定了由东向西贯穿宫苑的主轴。太阳自城堡后面以及忒提斯洞窟开始升起，接着是中央通向阿波罗泉池的道路，穿过1650米长的运河，并在无限远的灭点处再次设定林园景致，而突出地平线的树丛，又重新定义了园林有限的界限。拉封丹还这样写道：

> 最后，通过宽阔的大道，它是如此美丽，
>
> 一条向下之路，朝着两个形式新颖的水面，
>
> 一个是单面圆形的泉池，另一个是长形的运河，
>
> 那里如镜像一般，将景致统揽。
>
> 在全局中心，太阳神自忒提斯的深居之地，
>
> 从波涛中涌现。
>
> 浪花溅起无限的光芒，从他的火炬中涌出；
>
> 我们几乎无法看清这融于水汽的神灵。[6]

而正是这太阳神的路径，真实地反映出国王的游线。路易十四——通过雕塑、绘画、戏剧和凡尔赛宫苑中其他的大型消遣活动，以象征和神话的联系，将自己等同于太阳神阿波罗——当然，也等同于太阳本身。宫苑对地形和地貌的处置手段，太阳———如消失于无穷远的灭点处的斜阳余晖——也成为宫苑符号结构的组成部分。只要足够辽阔，无限就能进入有限，主宰凡尔赛宫苑。利用线性透视的景致再现，灭点——中心视线的视点，直接反转成为的灭点——所有的平行线交点正是在此类再现系统中，保持了完全不失真的造园效果。

在无限远处，美学、数学和神学统合于严整划一的平面，平面本身象征上帝的宏伟和完美。对于这种透视几何符号，埃尔文·潘诺夫斯基[1]在他的著作《作为符号形式的透视》中说："'无限远处所有光线的交点'，是对发现无限本身的具象象征，这一发现赋予宏伟规划平面以全新的特质。"[7]绘画不再如中世纪的艺术那样，是有组织并严格地按照其标志特征体现象征价值。现在，绘画，即视觉本身——伴随着一个新兴的认识世界的科学——成为激励构建画面空间的主体。潘诺夫斯基指出，这个符号毫无顾忌地使"无穷大的概念，不仅成为上帝的典范，而且有效地成为经验性的现实（也就是说，从某种意义上，**'无限的行为'**这一概念，énergéia apeiron，正是自然内在的本质）"[8]。此外，约翰·迪克松·亨特指出，"基于阿尔伯蒂关于绘画

---

(1) 埃尔文·潘诺夫斯基（Erwin Panofsky，1892－1968），德国艺术史家。其研究主要完成于纳粹兴起后他迁往美国之后，他对图像学、文艺复兴艺术以及丢勒的研究有很大影响。

的论述，一点透视成为占主导地位的构图，以此'光线的王子'作为控制视线的焦点。因此，这一新的沿一轴对齐的建筑与造园原则，虽颇受政治目的限制，但却利于其自身形态的实现"[1]。

神学自然不会缺席于这个新的符号体系。相反，神学象征的可能性，亦推出新颖的范例，而那些符合新的科学和数学系统的内容，旋即被发展出"当代性"。通过适度理性的调整视觉，透视创建了一个新的空间感知模式。这使得数学与审美上两种新倾向的登场：现实主义或自然主义，两者都促进了人们对世界更精确可测性的认识。而直到经过四百年之后[2]的17世纪，这些线性透视象征性的效果，才又被重新发现和发展，并被充分地应用于造园和建筑艺术之中。

在凡尔赛宫苑——神是人格化的太阳之王，通过与太阳和无限的结合——国王不仅拥有神圣的权利，而且实际上，俨然也成为神的化身。在此，潘诺夫斯基谈到作为一个"道德化的景观"，最高形式的审美和几何的教化意义，都在无限的终极价值中得以实现。

在笛卡儿《哲学原理》中，其第二十七个原则，试图将这新发现的经验——数学式的无限加以理论化。也许最终出于对神学的歉疚——为上帝定义和维护一个理性的宇宙，但却并未提供神存在之明证——笛卡儿，遵从库萨的

(1) 此段引用的约翰·迪克松·亨特（John Dixon Hunt）的论述，是在1995年出版的英文版中增订的部分，1992年法文初版和2011年法文版未收录，此次中文版据英文版增补译出。
(2) 原文为Quattrocento，此词有两义，其一，指四百年；其二，专指起源于"14世纪的中世纪晚期绘画形式"。

尼古拉[1]，亦提出这样的问题，"无限期和无穷大之间的差异是什么？"他自己这样回答：

> 我们命名那些不确定的东西为无穷，以便保留只有上帝可被名之为无限。首先，因为就我们的观察，唯有他毫无任何限制，并且，我们可以肯定的是，他不可能处于其他事物之下，同时，因我们不仅不能以同样的方式，积极地了解他无限的每一部分，而且，就连仅仅是负面地承认自己的局限，如果它们的确存在，也未能被我们发现。[10]

对现实世界的限制，以及对人的理解和想象，是不确切的；只有上帝足称无限，他所有的属性——无所不知，无所不能，无所不在。因此，对无限的再现，构成对神之存在的认识论问题。在此情况下，具有无限远灭点的线性透视的象征性结构，提供了一种有关上帝存在的、可被称为"光之证明"的内容，并被添加进经典之中，比如笛卡儿的证明。事实上，笛卡儿实际利用数学证明的模型，来创建一个有关神之存在的类似论点：

> 因此，举个例子，我清楚地看到，假设一个给定的三角形，三个角之和一定要等于两个直角和；但，所有我看到的，并未保证说，任意三角形均是如此，

而与此相反，设若要验证这一想法，我得有一个完美的存在。我发现，在这种情况下存在以同样的方式，其三角之和在一个三角形内等于两直角和却是隐含的；而在一个理想球体的表面上，所有点到球心都是等距的，没什么能如此完美地示范出几何的可能性。[11]

达利亚·尤多维奇[(1)]，在《笛卡儿的主观性及其阐释》中解释了这种激进证明的重要性：

> 笛卡儿此处的论证遵循着几何秩序。上帝的存在是隐性的和直觉的，与其说是数学证明派生出来的，毋宁说是理性数学结构合理的前提；甚至毋宁说，笛卡儿为了架构一个完美事物的概念，不仅承认其存在，而且将之视为数学公理体系的延伸内容。[12]

笛卡儿直角坐标系成功地"将神性赋予其内部的各个象限之中。现在看来，存在仅仅作为某些公理逻辑的前提"[13]。

在凡尔赛宫苑项目的表现中——"灵魂的激情"总是太阳王——这些本体论和认识论的问题合而为一，根据国王的妄自尊大，达到了神圣的比例。线性透视系统，组织成一个自我反省、自我指涉、孤芳自赏的系统，因此，灭点——指示出凝视于画布之上——往往相交点又超出画布的范围（或观众的视域）。这一独特的视点，也就意味着个体化的自我，一个在场的观者；但这"自我"，于另外的人而言，

---

(1) 达利亚·尤多维奇（Dalia Judovitz），当代学者。著有《笛卡儿的主观性及其阐释》、《身体的文化》等。

却是完全相异的。线性透视系统，变而成为社会的和历史的系统，在既定的和可交换的景致前，向潜在的观者阐明不同的主题。视点即相关的灭点，因此，观者的自我与无限有关。通常情况下，这个象征性的、光学的关系是极端不对称的；而在凡尔赛宫苑——规划结构依据光学和象征的意义，沿中央大道由城堡延伸至无限远——这毋宁说是太阳王的双重傲慢所致。

笛卡儿和帕斯卡就无限的话语伦理——无论是将上帝暗中纳入数学的理性之内（笛卡儿），还是将其置于思想之外的非理性的神学想象（帕斯卡）——由冉森学派[1]的安东尼·阿尔诺[2]和皮埃尔·尼古拉[3]，在他们的著作《逻辑或思维的艺术》[4]一书中，都是被挪用、扩大、修改的。笛卡儿和帕斯卡都绝不可能承认，我们有限的头脑，能以任何积极的神学方式充分想象无限。然而，无限的神之存在，引起伦理方面的迫切需要。我们的思想——以及试图超越这些而出现的悖论的限制——在《逻辑或思维的艺术》里有明确的表达：

(1) 冉森学派（Jansenism），又译詹森派，是17世纪上半叶在法国出现并流行于欧洲的基督教教派。因该派系是由荷兰神学家康内留斯·奥图·冉森（Cornelius Otto Jansen,1585－1638）创立的，故名。其理论强调原罪、人类的全然败坏、恩典的必要和宿命论。冉森派所信奉的教义和加尔文派基本一致，它的信徒中有许多学者和作家，他们受法国哲学家R·笛卡儿思想的影响较大。冉森派不仅从事宗教改革，还进行学术研究和文学、教育活动。

(2) 安东尼·阿尔诺（Antoine Arnauld,1612－1694）1638年冉森去世后的冉森派领袖，他强烈抨击耶稣会的"廉价恩典"。

(3) 皮埃尔·尼古拉（Pierre Nicole，1625－1695），与安东尼·阿尔诺同为法国最杰出的冉森派思想家，曾任教于皇港修道院。

(4) 原书名为La logique ou l'art de pensér，安东尼·阿尔诺和皮埃尔·尼古拉的著作。

诸如此类的所有问题，都是关于上帝的权力，一般都关注无限。希望将其放于我们狭小的头脑是何等荒谬；因为，我们的头脑是有限的，他们由于无限而眼花缭乱、迷失，并因为与之相反的想法，而被无限击得粉碎。[14]

对这些限制的伦理方面的迫切需要，被冠以虚荣罪恶的幌子[15(1)]。也许在这种情况下，最凄美的语句是帕斯卡的《沉思录》，其中著名的"不相称的人"第199节：

整个可见世界，在自然博大的怀抱中不过是个无法察觉的点而已。没什么理念可靠近它；它没好到超出我们所能想象的空间，我们是由与现实事物的比对中抽离的原子。自然是无限的领域，其中心无处不在，周界无尽。简而言之，它是全知全能的上帝的最伟大标志，失去了它，我们的想象将迷失其间……

但是，向他提供另一同样惊人的奇迹，让他看看他所知的最微小事物。让一个螨虫，在显示其纤微身体的同时，也展示更多的局部，比如腿与关节，双腿的静脉，静脉中的血液，血液中的体液，体液中的气体：让他进一步划分这些东西，直到他耗尽他想象的权力，并将之归结到现在我们话语主题的最后一件事情。他也许会认为这是自然界中最最微小的了。

我想向他展现一个新的深渊。我想向他描绘的，

(1) 此处1992年英文版和2011年的法文版均又引述了一段内容，1995年英文版订正时删掉这部分文字，而总结为一句结论，此处从英文版译出。

不仅是可见的宇宙，还包括封闭在这个微型的原子之内所有可以想象的广袤自然。让他看到宇宙的无限，各有其苍穹、行星、地球……在可见的世界各就其位，地球上的动物，哪怕只是螨虫，他会发现，相同的结果如第一次那样一再出现；无休止地、一而再、再而三地发生同样的事情，他将迷失于此奇迹中，在他看来微不足道的事物，在其他的幅度内则表现为令人咋舌的壮观。说起来令人惊叹，我们的身体，片刻前，在宇宙的怀抱中还不知不觉，现在却成为一个庞然大物，整个的世界，或者更确切地说，一个整体，还有什么比这更虚无而遥不可及的呢？任何人如这样思考自身，定会被吓坏了：看看他的体量，就像自然赋予他某种特性，以支持他在无限和虚无这两者的深渊之间往复，他也将在这些奇迹面前发抖吧。我相信，随着他好奇心的改变，他会更加愿意在沉默中考虑这些，而非调查与推定。

　　因为，毕竟，什么才是人的本质？没什么能和无限相比，亦无什么能够比得过虚无，在一切和虚无之间，无限被理解为一种极端的存在；事物的终结，以及他们的原则，极其巧妙地隐藏于坚不可摧的秘密之内。[16]

这个话题在《逻辑与思维的艺术》中亦被讨论，阿尔诺和尼古拉指称在一粒麦子（而不是纤微的昆虫）和整个世界之间"**可怕的差异**"。而帕斯卡则认为这秘密是坚不可摧的，前述两位作者认为，"所有这些东西都是不可想象的，不过，它们的存在是必要的，因为无限可分的事物已被证明，就像几何学为它以及发现的任何其他真理所提供的证明一样清楚"[17]。

帕斯卡和阿尔诺/尼古拉均认为，哲学家的神不是圣经中的上帝，人与神之间的真正关系，是通过信仰而非理解——帕斯卡的追随者们，以比例失调的不合理，来反对笛卡儿主义者们所坚信不移的理性数学秩序。虽然笛卡儿无限的王国，可能主要意味着神性主体的缺失；而对帕斯卡而言，恰恰相反，无限的不完善问题，正好反衬出神的伟大。对于笛卡儿，神和人共享一个话语（如果不是理性）空间；对于帕斯卡，神和人永远被无限分离，而成为互相不可理解的两极——完美的隐喻正在于超越思想的限制。

考虑笛卡儿、帕斯卡、阿尔诺/尼古拉之间的重大分歧。笛卡儿对**数学普遍性**的追求，使无论神学还是数学，都归入一个不言自明的理性形而上学的立场。这不言自明的公理之证明以及确定性，是基于内在的"理性之光"，它来源于夸张的怀疑，又允许激进的自我反省。而上帝，作为担保人，从本体论层面确立了此公理先验的地位（神学担保其可懂），从人类的角度来看，这个上帝缩减为对一个概念的理解，但是又不确定这个特殊的概念是否绝对为真（理性归类的神学）。现实情况是，对笛卡儿主义者而言，这种人性化公理的形象，塑造了人类秩序取代神圣秩序成为现实范式。现实成为理性的：真理不再被视为一个符合现实世界的具体功能，而被认为是一个直观且可认知的解释体系。

帕斯卡，对此神学的功效和真实性，进行了含蓄的回应和攻击，认为虽然理性确实可以根据世界的表象建立起公理化的系统，但是，单纯理性从不可能证明这些相同系统的最初原则，而这个最初原则是作为思想的基础存在的。因此，为了克服对笛卡儿哲学理性推导的怀疑，帕斯卡就这种不合理争辩说，神圣的知识基础，保证了信仰和先验得以存在。

双方所争执的，乃两种截然相反的直觉模式：对于笛卡儿，世界的真相是通过对现象的准确界定；而对于帕斯卡，则是通过启示披露，神不过又回到神秘和不可言说——人类处境的矛盾和悲剧正在于此。

虽然帕斯卡的冥想，揭示了人类处境的恐怖，这恐怖在于人始终处于上帝与虚无之间，而且，在这两个无限而又不可比较差异的对抗之中，阿尔诺与尼古拉却强调，与此相反，这正好与无限不同的本体论水平相称。由于其他有关无限的不可想象的概念数学化，此相称是显而易见的。笛卡儿的理论是这种数学化的保证：任何真正具有普遍性的科学，必须对无限作出理论界定，尽管神学在面对这个任务时，可能会非常尴尬。最终，不同的无限（无论多大或多小），必须区分其本体论模式，而这些模式都对应两种不同的直觉：一为数学的，另一为神学的。因此，《逻辑与思维的艺术》在笛卡儿和帕斯卡之间起了部分的桥梁作用。笛卡儿对无限的认识反应，为帕斯卡的情感反应所平衡：它是介于两者之间的，阿尔诺与尼古拉——作为后来者，确实生于哲学、美学、情操的世纪。

*　　　　　*　　　　　*

关于无限的神学与数学的符号，路易十四及其僚属并未放弃。作为见证上帝、国王及太阳之间的联系，无限在凡尔赛宫苑亦被加以贯彻。实际上，对太阳王的虔敬，完全等同于对上帝的虔敬，这个敬意的当代表述是这样的：

> 他在时间上是无止境的，因此他的名声及他的帝国将万代永续。他在数目上是无穷的，因此他奇妙的生活，也因他而变得丰富、不断强化并被遵循下去。他在数量上是无限的，因为他的王国已无别的部分，仅他一人即为王国。[18]

这种将上帝与国王混为一谈的现象不仅仅是修辞性的：它在新世纪中确立了一种新的形而上学的地位，并成为其中不可分割的部分，每个主体性均由某种似是而非的条件构成。人类的本质不再是由一个至高无上的神的权力所保证，但同时，这个本质则超越人类理性的限度。

路易十四在他1662年写的《回忆录》中，甚至这样形容自己与无限的关系，"这个君主制如果有一个特点的话，那就是，王子可以自由而方便地访问各处。这体现他与其臣民之间的平等的正义，他的臣民们，可以说，尽管出身、等级和权势相差甚大，但却身处温和与诚实的社会"[19]。一次，国王的傲慢略为过火，因为他认为自己和他的臣民之间的差异几乎是无限的。就是说，作为国王，他希望自己的公众形象，等同于具有无限存在维度的神，但在他的私人领域内，他认识到，自己在一个无限的神面前，是有限的，即使是无穷的，也在神前处于人的地位。尽管他的实际地位可能已被夸大，可怕的差异在神学领域内被定义（以国王作为公众人物），让位于可度量的方式，但与他作为历史上的**伟大的路易**，仍存在巨大的差异。他作为历史上的帝王，虽然是伟大的，但却不是无限的。

＊　　　　　　＊　　　　　　＊

人们可能预期主流的修辞学、数学和神学赋予无限以重要性，这无限与人是不对等的，可能导致新一轮的破除迷信（就像冉森派所希望的），因为无限基本上是无可表达的。我们试想，不稳定、流动性、歧义的盛期巴洛克式的表达——肯定不适宜于高度控制的凡尔赛宫廷政治氛围——或许，湮没于凡尔赛纯粹的装饰之中。确实，笛卡儿系统缺乏一种美学。这才是真正的笛卡儿再现概念的本质属性。尤多维奇这样解释：

> 同时，我们必须记住，笛卡儿攻击视觉感知是场所的骗局（视觉之逼真），他直觉的演绎，作为知性视角的行为，在图形性的概念中保留了可视性的概念。认识论层面对视知觉的排斥，被正式制度的肯定所取代，这种正式的制度，则是根据逻辑和修辞的范例所作的可视化的图解。这个新的逻辑秩序，吸收了先前与话语相关的思想秩序的图示。[20]

这些因素表明了，是什么构成法国形式主义园林审美的本质。由于这种赋形现在与话语相关联（被数学所扩展），审美变成又一个单纯的概念徽记。因此，通过勒诺特的例子，我们可以很容易地想象一座笛卡儿式的园林，但是，什么会构成一座帕斯卡式的园林呢？

　　在凡尔赛宫苑，太阳西沉于无限的地平线，辉煌映照着运河。转身回望日落余晖中的城堡，我们将再次看到城堡窗户反射太阳的光芒（图4）。至此，窗口不再是文艺复兴时期的景框，通过它，世界被观看和再现；而现在，窗口的功能，是作为一面巴洛克式的镜子，充满歪曲并反射的效果。这神圣的太阳系天体的光学蜕变——其镜面的存在，涵括于园林本身的界限之内——以巨大的、几近无限的方式，超越其界限，将纯粹的茫茫宇宙搞乱，园林的内在作为一个缩影，太阳，恰如无限远处的透视灭点，将那些在中国园林和日本庭园中"因"、"借"的部分纳入其中[1]。

　　无论什么样的数学化，有可能在凡尔赛宫苑的结构中被固化，它亦会在这由镜面所衔接的，暧昧地对无限的表现中迷失。事实上，笛卡儿和帕斯卡都坚持，人，才是上帝与虚无之间的无法估量的中点，是强烈表达凡尔赛宫苑透视效果的感知主体。阿波罗泉池，作为光学的支点，对这一端的城堡和另一端的运河，都将带来完美的对于园林其他部分的感知。但是，当游赏者是从城堡开始游览并逐渐接近那条中轴线的无限远时（亦即向西，航行在运河上时），城堡逐渐变小，而失去所有的比例，园林的壮丽，直到它最终消失于一些不确定的点（但绝不是无限远）。当然，也仍未接近在无限远处的灭点。尽管如此（或许也因为），表现在凡尔赛宫苑中极端的傲慢自大，最终作为一个虚荣的终极审美再现

(1) 此处为1995年英文版增加的一句话，1992年和2011年法文版无此句。"因"原文为captured，"借"原文为borrowed。

出来。考虑到这一点，阿尔诺与尼古拉有关社会自身虚荣及其表现的观察，的确构成了对路易十四的某种批判性。在回答如下问题，"那些修造了远高于他们阶层和地位的奢华房子的人们，他们到底打算怎样"时，他们回应道：

> 因此，这些人以及他们创造的（宫殿），是因为另一些人们批准他们这样，才得以建造。他们想象所有那些将看到他们宫殿的人，将会对这家的主人倍加尊重和钦佩，因此他们将自身置于他们的围满人群的宫殿之内，自上而下地注视着那些赞誉他们强大、权贵、伟大的人们；正因如此，他们破费巨资并承受所有因之而来的麻烦……那些满怀泛世博爱之情的人，只能是徒劳的幽灵，只能凄惨地草草短暂占有它们；而那些和他们同样最为明智的，则是令自己充满幻想和梦想。只有那些奉献自己生命和言行于永恒事物的人，才可被视为坚实的、真正的和实质性的对象，爱慕虚荣和虚空，并追逐谬误和谎言，进而成为他们的真理。[21]

每个人自己的伟大宗师，首先是为他人所见，就像镜中的世界，映照着我们自己的行为和表象。但最终，是上帝之眼左右我们判断，并且必须自己判断——一切皆是世俗的虚荣。

镜面——表示视域的某种修辞性图示——巴洛克感性图式的原型。按照莫里斯·梅洛－庞蒂的解释，镜像现象势必反映现实的裂隙，在镜像中，人是自身的一面镜子。镜子本身是个通用魔法的器物，变成一个场面，场面映射到的东西，从自身到他者，又从他者到自身。艺术家们往往对着镜子若有所思地说，因为这个"机械的伎俩"，他们认识到，就像利用透视的伎俩达到的那样，看与被看的形而上学，定义了我们的肉体和画家的假象。[22]

通过巴洛克式的感性，镜面成为再现和自我再现的条件。因此，自我意识是一个兼备表象与客体属性的"灵魂的激情"，在相互凝视间，达成自身同步的内化和客体的外化。与他人的相异性是自我的保证，但它亦不稳定，渐次消散，主体性也含混不清。在镜面之内的自我存在，介于看与被看、思与所思之间。皮埃尔·尼古拉在他的《道德测试》中说：

我们会怎么说这样的人呢？他每天对着自己镜中的形象，无休止地凝视着他自己，且从不承认那就是他："这就是我么？"我们不是在指责他，这的确很难分辨他到底是愚蠢还是疯狂？然而，这正是人类的所为，对他们已然找到的幸福，这甚至是独一无二的秘密。[23]

我们的自尊需要这面镜子；我们的虚荣心意欲如此掩饰。尼古拉写道："人想看自己正因为他空虚，他避免看自己是因为，他无法忍受看到他的缺点"[24]。我们的自我认同，最终在于镜面所呈现的结果，正是别人的凝视，定义了自我形象的轮廓。自我是一个形象，一个偶像，或由其他人创建的一个再现："再没有什么比看到这些虚空的幻象更正常的了，这些幻象由人们虚假的判断构成"[25]。

> 这正是富贵之人的所有崇拜者们创造的幻象，围绕着他们的宝座，我们看到他们内心的感受：恐惧，尊重，自卑；这使得雄心勃勃的人成为一个偶像，对他们而言，所有工作和生活，以及自我暴露都充斥着危险。[26]

名利场不仅是一种道德缺失，更是一种自我表现的集中体现——在极端情况下达到巅峰，建立一种无限的假象，或是虚假的无限。这幻影本身，这个假象，只存在于镜面反射系统交叉凝视的地方，正如路易斯·马兰[(1)]（追随皮埃尔·尼古拉）所言，"每一个自我——在其再现中——都是一个多重凝视的灭点"[27]。文艺复兴时期的艺术家和透视研究者们，都是单独了解这一原则；而巴洛克时期却超越了这个象征结构所有合理的限制；到了路易十四的时代，更将这一原则最终提升至政治和社会影响的层面。

路易十四在他1662年的《回忆录》里，向他儿子这样解释，"如果我经常督促你工作，且不要惊讶，而要观察一切，倾听一切，了解一切"[28]。当**人间戏剧**[(2)]成为凡尔赛宫廷常态，这告诫——同时唤起了国王被确定为无所不能、无所不在的神——实际承担着建立监督机制的政治目的，正是这

---

(1) 路易斯·马兰（Louis Marin,1931－1992）,法国哲学家、历史学家、符号学家和20世纪艺术评论家。
(2) 原文为theatrum mundi，是一个贴切比喻莎士比亚世界观的词，即"世间一切皆为戏剧"或"以文字表现世间万象"。

样一个主要的微观结构，保证了他的权力。但是，这个看似能看到所有位置的宫廷，即便不是自欺欺人，也没有纯粹的虚荣心的来源。路易十四同样知道，在公众视野内，被要求持续不断的自我监视，"王子可能失败的最致命错误，是认为他的缺点仍然隐藏，或其他人辩解称他们会对此采取放纵态度"[29]。国王统观全局并明察秋毫，凡尔赛的宫廷生活中，主体性是根据主权和主体之间横向的关系被定义的。

整个凡尔赛宫廷生活的结构，依靠精密观察与准确理解，将繁琐手势的编纂和具体化之间错综复杂的关系纳入宫廷礼仪。在此赘述这些，是由于这个礼仪的极端表现方式太有名了，我将着重强调，在这个封闭的社会制度内，高雅的自我成为一个标志，其含义是由国王自己所需要的姿态决定的。王室的行为，被重复并物化为不同的仪式，最终转化成神话。国王手势的含义，确立了他在宫廷的威信。这种审美化的政治——神权和王权无处不在的象征——构成系统化的礼仪制度，系统阐明主权和主体之间的差异，以及不同等级间的层次结构。圣西门公爵清楚地了解这一点：

> 没人知道如何博取他的言辞，他的笑容，甚至他的一瞥。他的一切都是有价值的，因为他创造差异，陛下增强了他言辞的力度。如果他转身向着某人，问他一个问题，说句无关紧要的话，所有在场者的目光都转向这个人。这是加以区别并增加威信的最直接方式。[30]

主体性是主体间性的：笛卡儿自我的形而上的孤独，

是一个两难的函数，而帕斯卡自我的存在，则依赖于其与不可等同的无限之神的关系；反过来取决于皇港修道院[1]提出的一个形而上学体系，该体系将笛卡儿的唯我论与帕斯卡的信仰转移到社会领域。神学的幻影为心理的幻影所取代；可怕的差异在于，构成帕斯卡式的神圣，为构成社会政治环境真实的差异所取代。在凡尔赛宫苑，两者都因国王的存在而被明确提出。

这种权力和欲望的场景，再好不过地体现于凡尔赛宫中镜厅的修造。镜厅于1678年和1694年分别由朱尔·阿杜安·芒萨尔[2]建造、夏尔·勒布伦装饰。其标志性在于首先规划与阿波罗的关系，其次是海格力斯（大力士），最终则是衣着如罗马皇帝的国王路易十四。这个画廊提供了巴洛克式镜像的终极版本：每个手势翻倍，每个动作被各个面所反射，每个再现重被再现。而且，在镜子无限反射的深处，跨越园林的长度，看到的是处于灭点的两个无限远处，日落时分，阳光会被引入此处。在此，国王和他的太阳以及几何都被双重化——巴洛克辉煌境界的最后时刻，处在一个新古典主义的王国之内——控制着一个象征性的和历史性的领域。

(1) 皇港修道院（Les Petites-Ecoles de Port-Royal, the school of Port-Royal），又称波尔卢瓦尔修道院。最初成立于1204年，后来成名是因为杰奎琳·阿诺德（1591-1661）于1602年对之进行改革之后，这里成为重要的冉森学派的思想大本营，更因为帕斯卡的加入而成为传播冉森派教义的重要修道院。但在帕斯卡去世后，路易十四和天主教联手，将冉森主义赶出法国，波尔卢瓦尔女修道院也被拆毁，许多冉森主义者逃到荷兰避难，冉森派受到耶稣会强烈反对，他们在皇港（Port-Royal）的大本营也于1709年左右被毁。

(2) 朱尔·阿杜安·芒萨尔（Jules Hardouin-Mansart, 1646-1708），法国建筑师，是17世纪欧洲最重要的建筑师之一，他的工作被普遍认为代表路易十四的权力和宏伟，是法国巴洛克建筑的巅峰之作。

幻影亦存在于相关的社会领域，傲慢和虚荣一旦为他人所辨
识，在镜子的深处，会以无限远的距离将人、神分开。

＊　　　　　＊　　　　　＊

一个现代性的关键起源，可在17世纪这两个基本宇宙
范式之间的紧张关系中看出端倪。也许最简洁的表达方式，
是这里所举出的亚历山大·科伊雷[1]的著作标题，《从封闭
世界到无限宇宙》[31]。封闭和无限之间的紧张局势，在法国
形式主义园林，尤其是在凡尔赛宫苑的象征体系中表现出
来。有两个作为微缩宇宙的造园原则并行于此：封闭的迷
宫，以及利用透视灭点作为无限的一个序曲。

凡尔赛宫苑拥有一个灿烂的迷宫，由勒诺特设计，饰
有39个置有雕塑的泉池，每个泉池描绘一篇伊索寓言（雕塑
是夏尔·佩罗的想法，肯定跟拉封丹1668年《伊索寓言（经
文本）》的出版相关）。路易十四的儿子，年轻的多芬，被
领着通过这个迷宫，以对他进行娱乐和熏陶。佩罗描述
道："这里被命名为迷宫，是因为在此可发现无穷小的路径
相互交织，不迷失其间几乎是不可能的"[32]。事实上，如我
们所见，这迷宫正作为一个比喻，暗示了整个凡尔赛宫苑。
然而，路易十四出于秩序的需要，必须创建一个对凡尔赛宫
苑游赏的导引，他自己编撰的《凡尔赛宫苑导览》——尤其
强调游赏园林过程中的静态观赏模式，每经过一段游历，会
在适当的位置看到下一个游赏点。这是因为，如果国王认识
到园林相对尚未成形，那么，整个园林迷宫般的特质，这种

---

(1) 亚历山大·科伊雷（Alexandre Koyré, 1892–1964），具有俄罗斯血统的法国
哲学家、历史学家和科学史家。

秩序的缺乏，会因为皇家法令引导游客的观赏而得以补偿。

但是，目前考虑就应该相对明确，摆脱了这个迷宫般封闭的游赏系统，会有一个重大的影响，那就是，也舍弃了其中包含的纯粹神话和象征效果。在园林中轴线上，其光学和几何的效应，使真正的无限被纳入到园林有限封闭的体系之内。这种效果并非伊索寓言流行的道德准则表达出的，而是笛卡儿《谈方法》的合理化神学，帕斯卡《沉思录》的信仰的飞跃，以及阿尔诺与尼古拉《逻辑与思维的艺术》中对前述两者的合成。

如果经院哲学和现代主义之间在某些方面存有冲突，那么恰好反映在迷宫和无限的符号之间，应强调的是，这些相类似的差异，几乎等同于巴洛克和新古典主义之间的象征性的紧张局势，而这正是早期现代性的核心。亨利·马尔蒂内[1]堪称典范的公式表明，"古典主义是巴洛克最为严密的法线"[33]。就我对凡尔赛宫苑的考察而言，这"法线"表现为无限延伸的中轴线，古典的内核被缜密控制，而错综复杂、辉煌华丽的巴洛克系统则涵括其间。这种无限的几何与道德的角度，支配了整个系统。

*　　　　*　　　　*

在回应笛卡儿的无穷和无限之间差异的定义时，亨利表示反对：

> 第四，我不明白你有关世界无穷延展的理念。事实上，这无穷延展，要么是绝对无限的，要么就只是在尊

---

(1) 亨利·马尔蒂内（Henri Maldiney, 1912－），法国当代哲学家，著述甚丰。

重我们自身。如果你理解延展至无限是绝对的，你为什么还欲盖弥彰，过分自谦于你的思想呢？如果无限只是在尊重我们，那么，在现实中的延展，只会是有限的，因为我们的头脑，既不是事物本身，也不是真理。设若有另一绝对无限的扩展，神圣之本质，那您有关漩涡的问题，就会从其中心退去，而您所编织出的世界也将消散成原子和尘埃颗粒。[34]

此处所指的漩涡，根据笛卡儿的宇宙观，乃环绕固定的恒星，限制和防止星系消散的离心力。更多争论的结论，"然而，您的漩涡似乎从不中断，不可拆分，作为一个相当明显的迹象表明，世界真的是无限的"[35]。无论争执的哪一方，都不是纯粹的数学真理，而是宇宙的本体存在。这种潜在的普遍灾难，承担了其自身的符号。

当太阳王与神的等式成立后，这并不鲜见，正如我们所见，对太阳王加以描述和寓言的术语，通常归于上帝。如当时的一位评论者所言，国王，

> 我们清楚地看到，正因他的精神乃国家之灵魂，像是世界灵魂的第一意志。若此灵魂未降低所有相反的特质以达到完美的境地，从而创造宇宙中的和谐，宇宙便会消散；而如果君主的智慧没有贯彻到整个的国家机制，该机制将沦于松散。[36]

路易十四治下的社会和政治组织方式，被圣西门称为的"机器"，就是国王所需要的，只是暗示他的欲望并将他的意志转化成行为。国王蛛丝马迹的动向，旋即成为整个国

家机器运行的动因。最终，他的理解和想象的效果，化为他意志的功能。**凡我所见，便即征服。**

就有限和无限意志之间的关系，笛卡儿在他的《第一哲学沉思录》的第四部分有过论述，其题目为"论真理与谬误"：

> 只有自由意志……使我认识到，我之所以带有上帝的形象并和上帝有相似性，主要是意志。因为，虽然意志在上帝之内比在我之内要大得无法比拟，不论是在认识和能力方面（因为认识和能力在意志里结合到一起使意志更有力量，更有实效），或者是在事物方面（因为意志无限地扩展到更多的东西上），如果我把意志形式地、恰如其分地对它本身加以考虑的话，那么我就觉得它就不是更大。因为它仅仅在于我们对同一件事能做或不能做（也就是说，肯定它或否定它，追从它或逃避它），或者不如说，它仅仅在于为了确认或否认、追从或逃避理智向我们提供的东西，我们做得就好像并不感觉到有什么外在的力量驱使我们似的。[37](1)

人类的意志最接近于神。意志的权力超过所有包括想象和理解的其他体系。若对宇宙以政治的层面加以解释，还有比近乎神圣的太阳王的说法更好的解释么？抑或还有任何更为精准与傲慢的形而上学的理由么？正是这种意愿，引导出对数理宇宙的现代追求，在凡尔赛宫苑，我们看到了"掌

---

(1) 此处文字引自笛卡尔《第一哲学沉思录》，庞景仁译、商务印书馆1986年版。

控自然"成功的尝试。因为现代性意味着试图按照人的意志重塑自然。在法国形式主义园林中，表现为严格实行的几何形式主义。在此，人类确实已经成功"掌握并控制自然"，笛卡儿看到了我们命运的本质。

然而，在凡尔赛宫苑的符号系统内部，存在一个悲剧性的缺陷，如其近乎神性的傲慢之美上的一个瑕疵。在一个角落的花园里，大水池的中心，是恩克拉多斯[1]（立于1667年），一个巨人的手臂和头部，从成堆的巨石里向下陷的雕像。表现了敢于竖立一座山直抵天堂的恩克拉多斯，却因宙斯的报复，被轰然倒塌的山体巨石所埋葬，而这巨石堆正是由他所建（图5）。或许其实这游兴恰好构成对整个宫苑象征系统的象征性讽刺和矛盾，就在这个点，再虚荣的人，也只能被描述为从无限的神下降到有限的个体？可能人类的现实并不在整个园林形而上学体系之内，唯有这一雕塑对此有所表达？这岂不是表明，最终，国王也无法摆脱作为个体的人的命运呢？

在太阳之梦行将结束的最后时刻，我将再次引述拉封丹曾经的诗行以作结语。随着夕阳西下，宇宙的悲剧所惧怕的古代形而上学，即只能由上帝捕获的混沌，就算是自封的太阳王，也是难以避免的。对那些惧怕太阳王神话的反演，是永不会被凡尔赛宫苑象征系统所诱发的，让我们看看拉封丹笔下的夕阳吧：

> 太阳，疲于目睹这野蛮景象，

---

(1) 恩克拉多斯（Enceladus），希腊神话人物，因为反对宙斯战败并被雅典娜埋葬在埃特那山下的百手巨人之一。

然其所趋，经由其下的水域，

为新人们带来光明。

这些荒地的恐怖，加剧了他的退场：

夜的寂然，乘着战车；

将恐惧引入宇宙之内。[38]

　　这让人想起帕斯卡的表达，"这些无限空间的永恒沉默，令我满怀畏惧"[39]。无限空间的可怕沉默——没有符号可以表达，甚至园林的缩影——击碎所有的虚荣心。真正的无限，只能体现信仰之镜，或存于纯粹的数学。

液体及其幽默的形变，

进入光线，彗星，恒星，以及奇迹。

在此，地球飙升，气泡上浮；

那微小的球体，不断地打转；

一切秘密皆萌芽，气流倍增。

一切起伏阵阵，迸发和流动。

焦万·巴蒂斯塔·马里诺[1]

《阿多尼斯》

(1) 焦万·巴蒂斯塔·马里诺（Giovan Battista Marino，1569–1625），意大利著名诗人，生于那不勒斯，以其长篇史诗作品《阿多尼斯（L'Adone）》而闻名。

尚蒂伊林园

镜之园林

　　孔代王子——又称路易二世·德·波旁、英雄的王子先生、伟大的孔代、第一铁血亲王——是法国王室的第一代继任者，直至另一位儿子——未来的新接班人——路易十三诞生。作为最重要的划时代军事天才之一，大孔代是罗克鲁瓦战役[(1)]、讷德林根战役[(2)]和朗斯战役[(3)]的胜利者；在1648年从法兰德斯载誉归来之后，他实际上已经控制了法国国政。1650年的投石党乱期间[(4)]，大孔代被马扎然红衣主教监禁，而后几年又被释放，并几乎控制了政权。最后，在既不被投石党拥护，也不为宫廷所接受的情况下，他领导武装叛乱，但得到的支持很少。大孔代被迫于1652年离开巴黎，自

(1) 罗克鲁瓦战役，欧洲三十年战争（1618－1648）中著名的战役。爆发于1643年5月18－19日，法、西两国军队在罗克鲁瓦（法国阿登省的城市，16－19世纪为要塞）附近进行的一次交战。战争中法国军队击溃了西班牙军队，终结了西班牙在历史上的陆上优势，标志着法国陆军霸权的到来。
(2) 讷德林根战役，亦为三十年战争中著名的战役。此处当指三十年战争期间，1645年8月3日，法、德之间，由法国的大孔代和蒂雷讷率领的法军1.2万人，同由梅尔西陆军元帅率领的巴伐利亚－奥地利联军1.4万人之间的一次战役。三十年战争后，法国崛起。
(3) 朗斯战役，亦为三十年战争中著名的战役。1648年8月20日，发生在由大孔代率领的法军与西班牙大公利奥波德率领的西班牙军队之间，是三十年战争中最后阶段重要的战役之一。
(4) 路易十四即位初期，由于农业歉收和巴黎富商以廉价购买农民土地而引起的一场动乱，其首领还一度控制了巴黎，但不久即被平息。

此进入西班牙王室，为其国王服务，直至1660年《比利牛斯条约》[1]签订后方才返回法国。路易十四在马扎然红衣主教死前力排诸侯——特别是大孔代，这样掌控国家权力机制的内部实权派，自然首当其冲。这一排挤政治，确实为孔代复出并重返宫廷铺平了道路，但他的行动，从高贵的叛乱，转而变成几乎到了绝对服从奴役和滥用王室恩典的地步。从此，他总是自觉具有独特崇高的地位，却又因他屈从于国王，他便转而致力于扩大法国的战果，并将他的庄园尚蒂伊，改造成国际艺术中心——一个具有划时代意义的、近乎独特的、被直接由学院派创造的艺术品所围绕并被凡尔赛宫廷直接控制之下的艺术中心。一段时间之后，孔代又曾获得成为国王的机会：他被考虑作为波兰国王的人选，但他却由于屈从于路易十四的意志而摇摆不定，宁愿在法国宫廷继续做他的"第一铁血亲王"，同时享受为国王服役期间他从战场所派生的快乐和荣誉。事实上，征服弗朗什-孔泰大区，作为一个在法国路易十四君主制下最终统一的重要事件，就是孔代的决定。

纵观大孔代的个人历史，可以总结为两大标志性的象征，融合了他强调矛盾的野心和令人沮丧的结果。孔代家族外套上的族徽袖章，依然保留了两个交叉的剑，说明着家族的军事实力，但也不言自明地影射出了其反叛王室的地位。

---

(1)《比利牛斯条约（Treaty of the Pyrenées）》，是法国路易十四与西班牙腓力四世之间的条约(1659年11月7日)，它结束了1648 - 1659年的法西战争。西班牙国王腓力四世因没有得到哈布斯堡的支援，而决定割让边界领土给法国以和平结束战争。该协定还包括法国国王路易十四和西班牙公主玛丽·泰蕾莎之间的婚约，公主的嫁妆为50万金埃居，分三笔付清。1660年6月9日，婚礼在法国南部城市圣·让·德吕兹举行。这婚约使法王路易十四成为欧洲权力最大的国王。

请记住，在1662年的卡鲁塞尔上，孔代的穿着，象征另一个冲突，国王安排他扮演新月——土耳其国王。在伊斯兰的象征中，月亮代表神的力量，但它的光芒终究来自太阳的反射。月牙儿是复活的象征，但在审判日，月亮会分裂，加入太阳，并最终黯然失色。孔代的复出使他再次进入他趋之若鹜的宫廷，在那里，任何野心在太阳之王的荣耀面前，都将黯然失色。孔代的家族外套上的族徽袖章内部所显示的其与国王的关系，具有讽刺的象征意味。

1660年，尚蒂伊城堡为孔代所修复。1661年8月，他出席了尼古拉斯·富凯在维康府邸为路易十四举办的致命的宴会，并启发了他一定要改造自己庄园的想法。1663年，在他的强烈要求下，安德烈·勒诺特开始恢复和修整尚蒂伊林园，这一进程将持续近20年：勒诺特表达了自己对尚蒂伊林园的偏好之情——高于所有他兴造的其他园林[1]。在尚蒂伊林园之中，整个园林最重要的焦点——在宏大的规划及其主要的透视轴线上——是孔代伟大的祖先、法国高等警察、战士阿内·德·蒙莫朗西[2]的骑马雕像，这都是17世纪初建造的。由城堡和园林发出的道路引向树林，通过护城河，然后再至被水包围的前院。最初的透视以雕像为中心，其前正对

---

(1) 原书此处有戈贝尔·佩里（Gabriel Pérlle）所作尚蒂伊林园的鸟瞰铜版画一幅，因版权原因，中文版取消。

(2) 阿内·德·蒙莫朗西（Anne de Montmorency，1493 – 1567），法国陆军统帅，1551年被授予蒙莫朗西公爵（Duc de Montmorency）称号。它最早是蒙莫朗西家族的专属头衔。1632年，由于蒙莫朗西家族卷入叛乱事件，爵位被剥夺。1633年该爵位再次被颁发，接受者是蒙莫朗西家族的女婿亨利二世·德·波旁（第三代孔代亲王）。此爵位于1689年改称为昂基安公爵（Duc d'Enghien），从此成为孔代家族的世袭称号。

城堡的入口处，位于左侧。整个前院水系略微向上，通向雕像所在的大露台。而这仅是雕像所处的位置，林园——则坐落在一个较低的水平面——处于与城堡明显不对称的位置（图6）。在维康府邸，不同层次的景观建设允许被横向的运河所分化；在凡尔赛宫苑，园林被隐藏于中央主轴的两侧；而在尚蒂伊林园，整个林园却几乎被隐藏了。

阿内·德·蒙莫朗西的雕像，作为通向中央主轴和林园的焦点，在改造后，被安置于抵达大露台时，使林园隐藏的视点上。雕像正对城堡入口，这也许是唯一较为正式地回应城堡的景观，它的存在，扰乱了林园的对称性。或许有人会认为，这种不对称的格局，是消解城堡与林园原本完美计划最有效的方式。这尊雕像的这种作用，可以对比维康府邸中海格力斯大力士雕像阻挡地平线的做法；两个雕像都交替作为焦点和视点，但维康府邸的雕像，一旦转化成视点，即可完全整理游园的经验，并构成一个完美的封闭系统，从而揭示城堡本身作为最初视点，转化成焦点的机趣。与之相反，在尚蒂伊林园中，雕像揭示了城堡和林园之间正式的异构关系中无可避免的不对称性。此外，维康府邸中的海格力斯大力士雕像和凡尔赛宫苑中阿波罗泉池内的阿波罗雕像，都是神话人物，而在尚蒂伊，阿内·德·蒙莫朗西的雕像，则是一个特殊的历史和家族的参照。

雕像标志着路径的终点，在林园即将被看到之前，勾画出中央轴线；紧接着，就是一个宏伟的楼梯通往林园，通向一个运河边上处于稍低露台上的圆形泉池。中央轴线与一条很短的运河毗邻，主要装点着五个包括水池的花坛。除了中央运河是一个T形，并向两方延伸外（中心主要部分，被旁边花坛中种植的树木所限定）。再往前的轴线（T形的主干部分），则是一个横跨T形顶部的月牙形草坪，通过继续削减远处的林木，最终指向无限远处的灭点。在凡尔赛宫苑，虽然表达无限的一般模式是通过符号的再现以及光的诡计实现的，但是，在尚蒂伊林园中，灭点似乎并没有担任任何造园准则的任务，反而成为视觉轴线稳定的标识。在南北轴向，它甚至没有划定太阳的轨迹，而在凡尔赛宫苑中，太阳的轨迹与景观结合得是如此庄严。尚蒂伊林园的灭点作为一个静态的方向点，成为整个林园和各种泉池中心的景观。唯有当一个人进入花园，缘池漫步时，这一景观的活力才如此鲜明。

　　尚蒂伊林园在某些方面，是一个压缩版的维康府邸：运河花园逐级隐藏；等分的空间是由一个主要的横向运河实现的；使用透视扭曲泉池的外观；所有花园都由一个强有力的中央轴线所主导。但尚蒂伊林园是勒诺特对水的最终赞歌。甚至超过维康府邸和凡尔赛宫苑内的无数运河、喷泉以及平静若镜的水面，尚蒂伊林园致力于创造水的效果，减弱了雕塑象征性的干预（如凡尔赛宫苑中那样），甚至弱化了泉池自身的手段。在尚蒂伊林园，是泉池的自然反射能力——在起伏的表面和不平衡之中，创建了碎片化的场景，变形、扭曲的视效——从而构成了林园的主导奇观，创造了一个被扭曲但却魅力依然的自然。事实上，尚蒂伊林园可能就是作为一个巨大的反射机器而被考虑的。

　　17世纪，视错觉成为巴洛克的主导趣味，进入了一个使用反射仪器的黄金时代[2]。一部当时的故事——夏尔·佩罗的《奥兰镜中变形记》[(1)]——讲述了一个道德和心理的寓言，就颇具时代之镜的意味[3]。这是一个名叫奥兰的人，虽然具有非凡的描述能力，但一旦事物离开他的视线，他就会立刻忘记一切的故事。有一天，英雄抱怨他情人的缺点，并在震怒中杀死了她，在这点上，奥兰成为没有人性的客体，仅仅是最准确地显现出他灵魂情绪的转化：就像是一个镜面（奥兰有三个兄弟：一个凸镜，一个凹镜和一个圆锥形的镜子，分别代表反射扭曲和变形投影的主要类型）。不像那喀索斯[(2)]，迷恋水池和镜面中的自己，并被自尊心所毁灭，成为自己形象的受害者；奥兰，则是因为自身的镜像效应，伤害甚或毁灭了他人的自我陶醉式的自恋。显然，镜子的危险正在于此。正如加斯东·巴什拉[(3)]《水与梦：论物质的想象》[(4)]中所论，自恋，从而确定一种**自然的镜占术**[(5)]。此外，结合水占术[(6)]和镜占术的例子并不少见[4]。

镜子，各有其不同的反射特性，映照不同的虚荣和虚假的迹象，而真理和完美——总是唤醒我们的自我，双重的

---

(1)《奥兰镜中变形记》（Le miroir ou la métamorphose d'Orante），夏尔·佩罗的文学作品，奥兰为其中的主人公。

(2) 那喀索斯（Narcissis），希腊神话人物，是河神刻菲索斯娶了水泽神女利里俄珀所生之子。美少年那喀索斯有一天在水中发现自己的影子，然而却不知那就是他本人，爱慕不已、难以自拔，终于有一天他赴水求欢溺水死亡，死后化为水仙花。后来心理学家便把自爱成疾的这种病症，称为"自恋症"或"水仙花症"。

(3) 加斯东·巴什拉（Gaston Bachelard，1884–1962），法国哲学家，科学家，诗人。1961年获法兰西文学国家大奖。著有《水与梦：论物质的想象》等。

(4)《水与梦：论物质的想象》，加斯东·巴什拉的著作。国内有顾佳琛译本，岳麓书社2005年版。

(5) 原文为catoptromancy。

(6) 原文为hydromancy。

自我，我们的幽灵。热拉尔·热内特[1]解释说：

> 就其本身而言，反射是个模棱两可的主题：反射
> 是双向的，亦即，既是此又是彼。这种模棱两可，在
> 巴洛克思想中被发展并作为可逆的意指，呈现幻觉的
> 身份（我即他者）以及别样的慰藉（还有另一个世
> 界，但它与此世界类似）……自身被确认，但却以他
> 者为参照：镜面形象是一种异化的完美象征。[5]

自恋和异化的象征，自我的象征，往往美化自己的形
象，并在他者形象对照中迷失了自我。镜像使得大量的修辞
和富于诗意的映像被转换到视觉领域内：加倍，替代，放
大，缩小，组合以及歪曲。事实上，每种类型的镜子产生其
特定的映像形式，创造各种不同相术的影像和类型各异的地
形错觉。此外，镜子反向映像的特点，相互交错的功能，在
欣赏艺术作品之时和观赏游园的进程中，表现为最终自我反
省的时刻。偶尔有文艺复兴时期的绘画，例如，镜像反射着
室内场景——镜子反映了艺术家正在绘制油画，从而作为一
种标志性的签名。如此众多的人——在水坑前面对其中镜像
兴奋异常的孩子（他们总是试图扔一块石头到水里以摧毁水
的反射，或直接跳到镜像的上面）到17世纪掌握配镜技术的
大师们（创建一面复杂的镜面装置，以体现巴洛克式的惊奇
和欺骗）——镜面都是一个极具魅力的原始对象。

尤尔吉斯·巴尔特鲁赛提斯，在《镜子》中，注意到

(1) 热拉尔·热内特（Gérard Genette，1930 – ），法国文学理论家，与罗兰·
巴特（Roland Barthes，1915–1980）、列维·斯特劳斯（Claude Lévi-Strauss
1908 – 2009）同为法国结构主义运动的主要思想家。

这一时代众多不同类型的镜相术设备。他描绘这种复杂性并对此机制提出怀疑，在《百科全书》中提及了一个迷人故事，故事描述了路易十四试图围困住一个由镜子产生的幽灵[6]。然而，这种复杂的机制，与他们的愚民效果，在凡尔赛宫苑辉煌的镜厅内，实现了其时代的审美和皇室的辉煌，典型地反映了那个时代——所有创建反射的剧院与它们**深远**[1]的映像——都未能构成完全的镜像效果。还有许多其他的镜像设备，大自然本身所固有的各种池塘，雨滴，云朵——甚至月亮，也是太阳的一面镜子。然而，在所有这些例子中，镜像使世界转换成一种再现，无意间使观者的视域增加了一倍。镜面揭示了一个缩影，象征着总处在濒临消失状态并瞬息变幻的宇宙。

唯有池中的静水，构成自然一面典型的镜子，扩展想象。巴洛克式的想象力，最活跃的元素就是一个永远处于溢出状态的水面，不断变化，始终不同，难以把握。然而，这种流动性具有其自身的内在几何秩序，即使今天我们仍然需要以褶皱理论[2]、蝴蝶效应[3]和数学突变理论[4]来解说巴洛克

(1) 原文为mise-en-abîme，根据原文之意，指镜中不断反射的无限影响产生的效果，故此处译为"深远"，而不只是译为"远"。参看本书第26页译者注(1)。
(2) 褶皱理论，当代地质构造学的断层分析方法之一。
(3) 蝴蝶效应，紊乱学研究者称，南半球某地的一只蝴蝶偶尔扇动一下翅膀所引起的微弱气流，几星期后可变成席卷北半球某地的一场龙卷风。他们将这种由一个极小起因，经过一定的时间，在其他因素的参与作用下，发展成极为巨大和复杂后果的现象称为蝴蝶效应。
(4) 突变理论，是20世纪70年代发展起来的一个新的数学分支。主要以拓扑学为工具，以结构稳定性理论为基础，提出了一条新的判别突变、飞跃的原则：在严格控制条件下，如果质变中经历的中间过渡态是稳定的，那么它就是一个渐变过程。

式感性中这些关于无限的图案，以适应我们自身的道德修养。加斯东·巴什拉解释说：

> 首先，我们必须了解水所构成的镜面的心理效用：水旨在自然化我们的形象，恢复我们反叛性静观遐思中些许的纯真与真诚。镜子太文明，方便携带且过于几何化，它们显然是造梦的工具，以适应我们梦幻般的生活。在他颇有道义感且极为动人的书序中（书名为《自恋的困境》(1)），路易斯·拉韦尔指出，水面产生映射的深度属性，是关于无限的梦幻效果，它暗示了：如果像那喀索斯那样立于镜前，对玻璃镜面的抵抗是他摆脱自恋的一个障碍。他紧蹙眉头、挥拳抗议，但却一无所获，除非他背对镜面。他被镜面内部深邃的世界所捕获，在那里，他看到自己却不能够把握自己；他与自身分离却没有确切的距离；他甚至被挤压，但却从来无法被征服。与此相反，喷泉则为他开启了另一条途径。[7]

不稳定的水面反射——恰似烛光闪烁中看到的模糊影像——导致视觉本身成为生活理想化的图示，从而逃避所映射对象的固有形式。镜像本身如梦幻一般，或意象本身就如幻梦——镜像作为我们自己梦境可能性的序曲。即使是平静的水面上，也有一定程度的活力；池水绝不单纯是一面镜子。热拉尔·热内特写道：

---

(1)《自恋的困境》，法国哲学家路易斯·拉韦尔（Louis Lavelle, 1883–1951）的哲学著作。

静若止水，就像它可能成为休眠状态一样，水的表面能让我们感受到秋天的落花、飞鸟的踪迹、风起的微漪：它波澜不惊，那喀索斯的形象如影随形，以虚无的形象摹写现实，又令其消失，压缩并集中呈现形象，却又使光具有令人不安的可塑性。然而，这个形像依然只是一个形象，其移动的自由，只能被冰冷的镜面所揭示。但是，一旦干扰加剧，波动就会成为一个闪现；不断往复的波段，则被分解成无限的并行层次，那喀索斯就会在这具有欺骗性的间歇，消失殆尽了。[8]

正是这种流动，使得水面构成的镜面产生不稳定，从而增强了巴洛克式的感性，即，其加倍、歪曲、夸张的魅力；对飞翔、消散和湮灭的渴望；这是对自己在云中穿梭、在流水中沉浮产生某种眩晕的热情，最终被世界所接纳——以某种可变的形式，表达想象力的局限。

维康府邸内的方形水池（作为最初的观赏点）被用来映射城堡，直至所有其他的幻想均被发现；凡尔赛宫苑中的运河，则是为了映射太阳（创造象征性的两个太阳之王）；而在尚蒂伊林园中，水面反射——各式各样的映射，不稳定的力量，摇移不定的影像，昙花一现的意象——提供了丰富的效果。尚蒂伊林园是在新古典主义占主导地位的时代，对巴洛克主义的一次暗中的回归。相较于其他的案例，尚蒂伊林园的最大不同，在于其划时代的镜面装置，主要是大自然本身，并且，最重要的是，观赏者在游赏中体会到的瞬息万变的景致。恰恰池面的反射，实现了人工与自然、景观与建筑之间的衔接。水池也由自然的属性转化为映射的奇观。勒诺特在这里最为接近地实现了园林作为微缩宇宙的表面效果——世界被转化成暂时的再现，临时性地承载于水的晶体结构之中。然而，这个微缩宇宙不是一个封闭的符号系统，而是一个开放的镜面领域，在其中，世界不只是被象征性地改造，更是被歪曲的镜像。在这里，经由最简单水景产生的效果，镜面组成了永恒自然形式中渐变的效果。

这种反射的效果在自然中随处可见。事实上，由于水的屈光性特质，每一个雨滴都可构成基本的反射装置。笛卡儿在他的《气象学》[9]中解释了这些原则。在太阳雨中，因为每个雨滴略有不同的屈光角度，观察者将见证独特的阳光折射现象：一道彩虹。

就像巴尔特鲁赛提斯指出的："雨水作为微反射镜，反映了变形的太阳"[10]。

在《气象学》第八章最后题为"彩虹"的部分，笛卡儿利用他研究的这些自然现象，来说明如何在天空中创造迹象的机制。根据彩虹的光学原理，利用几种不同黏度的液体可以创建一种喷泉（利用不同的折射率），使通过它的光线经过根据精确计算的折射，从而创造天空中的图案[(1)]。

最壮观的自然现象，出现在笛卡儿《气象学》的第十个部分：几个太阳的幻影。这是一种在某些极为罕见的大气条件下才会发生的景象，由于特定的云层的形状折射，以某

(1) 原书在此处引用了笛卡儿《气象学》（Les Météores）中有关空中彩虹和折射奇观的图解，由于版权问题，本次中文版未收录。《气象学》最初是作为笛卡儿《谈方法》中的一个附件出版的。目前国内尚无此书译本，但相关插图在网络上较易见到。

种方式，可能会同时看到许多太阳的光晕（据说，1652年波兰国王目睹了这样一个错觉）。自然揭示了大量假的太阳，并未依靠人类的技巧。在这种时候，太阳甚至可能会显得像是月亮——与伊斯兰神启中太阳和月亮的合并没什么太大的不同。这种影响并未从路易十四宫廷伟大镜象的创造者那里被遗弃。路易斯·马兰[1]，在《国王的画像》中，引述了这样的光学现象，当然是象征性的变革（特别是关于1674年在凡尔赛宫苑举办的伟大宴会的第五天，安德烈·费利比安的描述）：

> 在行将结束的第五天：当国王在为他特意竖立的伟大帐篷中，看着由夏尔·勒布伦设计的烟花和灯饰渐次燃放。最终的演出开始了：三百多英寻尺[2]范围内可以看到的一切，既不是火，也不是气或水了。而是这些元素完全混合在一起，面目全非，从而构成一个相当特殊的新元素。这似乎是由成千上万的火花组成，像扬起的浓厚灰尘，或更确切地说，像是一个金色原子的无限浪潮组成一个前所未有的辉光闪耀的场面。这个光彩夺目的场面映入国王的眼中，一个新元素被创造出来，同时夹杂了不可相容的火、气和水的混合元素。它破坏这些元素并将之加以整合，通过了惊人的嬗变，火热的磷光闪烁的烟尘（混合着火、气和水）发射出金光灿灿的效果，构成一个宏大的光之无

---

(1) 路易斯·马兰（Louis Marin, 1931 - 1992），法国哲学家、历史学家、符号学家和艺术批评家。
(2) 英寻尺，英国长度计量单位。1英寻（尺）=5.48694869市尺。

限：这种金属般的光效，使国王如置身于一个伟大的
炼金术士世界之中。[11]

这是巴洛克式的图像的最终呈现。每个元素转化成它
的反面，同时宇宙处于不断变化之中：一个人工创造的荣耀
替代了所有的自然要素。

前笛卡儿时代的、基于微观/宏观范式的某些本体论、
认识论和宇宙观，是以同自然的相似性原则为基础的[12]。它
们令我们见微知著：世界反映于一滴水、一个水晶球、一个
园林中的水池；迷宫，或整个园林，作为世界的象征；最
终，我们的灵魂就像宇宙的象形文字般标示出自身的命运。
由于每个缩影均意味着不同的形而上学，每个符号意味着不
同的本体，因此，每个叙述也就意味着不同的认识论和心理
学，它必须意识到世界的感性经验并非是一个修辞的效果，
美学也并不仅仅适用于艺术，而是也适用于一般性的经验。

对于笛卡儿，大自然的奥秘和科学的数学规律之间对
应关系的建立与确定，恰恰是因为他看到了这种人、神、意
之间的同源性。为了克服由笛卡儿**数理宇宙**[(1)]的缺陷——其
中真实和理性合一是基于不言自明的**高度机械化的**[(2)]真
理——将会在一个终极神秘前土崩瓦解：那就是神的存在，
及其相应的无限。最后，笛卡儿的邪恶的天赋[(3)]架构出的虚
幻世界的设想，并不亚于现实世界中人为制造的神。恶魔和
神，都在我们面对惊人的和不可理解的世界时，被作为对人
类自身理智局限性合理化的借口。

(1) 原文为mathesis universalis。
(2) 原文为grande mécanique。
(3) 原文为malin génie。

帕斯卡希望在世界上恢复神秘的神学以首要的地位；
而笛卡儿则希望保证这种神秘的神学将不再制约科学前进的
步伐。此后，作为真理标志性的微缩范式，神学被从形而上
学、本体论和认识论中放逐，退居于美学——只有在此范畴
之内，神秘的神学才可能逃避普遍的物理规律，而只是作纯
粹的、无拘无束的意识性的讨论。这种范式转变——进而将
神学、形而上学和科学分化为美学——正是现代哲学的起源
之一。审美规律和效果——构建超越人类认识限制的部分，
并确立独立的个体认知需要——允许消解几何的精神，即使
是在安德烈·勒诺特使用相同的数学规律造成审美结果的园
林案例中亦是如此。美学原则既不具有普遍性、永恒性，也
不是一成不变的——它们服务于手边的项目，一旦有更适当
的形式或结构能够适应本土化，或遇到特定的转变、风格的
建立，没有系统化等，美学原则迅即就会被摒弃。加斯东·
巴什拉解释说：

> 诗是瞬间的形而上学……所有其他形而上学的经
> 验，需要作无休止的准备铺垫，但诗歌却拒绝序论，
> 原则，方法，以及证明。它不产生疑虑。[13]

艺术或许确实能够表达笛卡儿的怀疑两难和数学确定
性，亦或帕斯卡的信仰两难，但艺术没有这个需要，也不必
有公理系统——它无非是仰赖自己的直觉，并有一定的技
术。

在勒诺特形式主义园林的美学中，象征性的，微观的
影响，恰恰是关于封闭和随意性的艺术体系，概念不一致导

致的异化的修辞效果，对无限的物理幻象克服了光的随意性。在勒诺特的美学中，这种不合时宜的学院派式的微观封闭宇宙观，正是为了象征性的效果而利用数学理论的结果。在他的园林中，数学不等同于自然，或是自然的替代；而是，自然经由数学化的程式被揭示并转化。风格是勒诺特的，而不是大自然或上帝的。从文艺复兴时期到巴洛克时期，对**逼真的眼睛**[1]理想的追求，产生了对自然的错觉，催生出非常迷幻并紧密结合自然的作品。在这些作品中，通过最终的审美和道德的努力，可以确切地把握自然的幻觉。真理建立在一系列审美惊喜和视觉冲击之上。

众所周知的是，对破碎镜子的恐惧，意味着对世界毁灭的恐惧，更直接地，是对人体被撕裂成碎片的痛苦经验。如果尚蒂伊林园中辉煌的镜面，以某种方式呈现了大孔代对太阳王的屈从（如凡尔赛宫苑中的恩克拉多斯代表摧毁世界的命运，除非对这个雕塑还有最佳的其他诠释，对我而言，我接受这样一种解释），抑或，如果这一宏伟的花园只是孔代崇高的虚荣心的心理慰藉，它也必须作为一个划时代的概念冲突的形而上学标志，一个我们自身现代性诞生时的抗争，但最重要的，这些园林给予我们一个场所的景致，由水面所产生的镜面，将我们的恐惧，转换为我们直面无限的宇宙、反思一时狂妄轻浮之所在。这是一个最大升华的标志，冰冷的数学和道德归复到生活和喜悦。

(1) 原文为trompe l'oeil。

或许有某种存在，人类也曾拥有，而今已毫无人性，那些远
道而来的，我们的混乱看似严整——一如我们毫无景致的如
画美景；简言之，地球的精灵，如此精致地推敲出的景致，
远超我们的创造；其死亡凝练美丽的价值，因神已设置了这
星球一半的园林景观。

艾德加·爱伦·坡[1]
阿恩海姆的域名，或园林

[1] 艾德加·爱伦·坡（Edgar Allan Poe，1809 – 1849），美国作家、诗人、编
者与文学评论家，被尊崇为美国浪漫主义运动要角之一，以悬疑、惊悚小说最负
盛名。爱伦·坡是美国的短篇小说家先锋之一，并被公认为推理小说的创造者。

后记
其他幻想之作

　　遵循帕斯卡的宗教式怀旧和笛卡儿的形而上学方法，安德烈·勒诺特的园林，在现代主义的新古典源头，显露出巴洛克作为室内限定的失真手法。但我们需要某种美学，恰如某种将怀疑悬置的形而上学，并且以当前的方式来审视这些园林。显然，这美学并不能如此均匀地如"**常识**"般在人们中间散布——尽管笛卡儿相信我们应该如此。就像新古典主义和巴洛克之间固有的差异导致一种新的美学，17世纪在神学与现代形而上学及科学之间的冲突，催生出崭新的哲学，从而使在思想和愿望上弥合这不能两立的局面几近幻灭，但是，至少，在那些实例中，如是的幻象仍试图打动我们。

　　1704年，帕拉丁公主细述了她的儿子纳瓦伊先生[1]的某次旅行。在那次旅行中，他参观游览勒诺特在索镇[2]的园林，以发现它们的华丽与美。一直不为所动的他，在最后到达蔬圃时，惊呼道："说真的，这些菊苣美极啦！"[1]虽然科伯特即将担任新的重臣，并且亲自捉刀卢佛儿宫的规划和立面设计，但这些对他所营造园林的嘲讽，包括被指责为毫

(1) 纳瓦伊先生（Monsieur de Navailles），帕拉丁公主之子。
(2) 索镇（Sceaux），位于巴黎南郊，勒诺特为科伯特所造园林在此。

无灵魂、且不过是无关紧要地表现出亚里士多德式的符号化、某种程度天赐的声望等，在"启蒙运动"时代的初期，的确是纯粹理性的回应，毫无愤慨的迹象。

但是，或许衡量勒诺特这些壮观的园林和城堡的标准，要遵循一种过度的激情，实际上，或可称之为痴狂。1867年，巴伐利亚的路德维希二世[1]访问巴黎和凡尔赛宫苑。对路易十四王朝这些纪念碑全然着迷的他，返回巴伐利亚后，便在林德霍夫[2]建造了一处凡尔赛宫苑中"小特里亚农"的复制品，并将场所重新命名为"特门考斯－伊塔尔"[3]——以只言片语显露出对路易十四绝对君权的自我陶醉式的喜爱，"朕即国家"[4]，尽管路易十四的这句话并不能清晰地表达什么。路易十四治下绝对君权的胜利，在路德维希二世对绝对君权疯狂的梦想中显露无遗，却也随着路德维希二世的驾崩而烟消云散。1871年，在俾斯麦铁腕政治的辅佐之下，德国皇帝重新统一德国，普鲁士的威廉一世[5]在凡尔赛宫镜厅加冕为德国皇帝，当然，是在战败的法国。

我想说，颇具讽刺意味的是，这些凡尔赛石窟中的戏

---

[1] 巴伐利亚的路德维希二世（the King Ludwig II of Bavaria，1845－1886），全名路德维希·奥托·弗里德里希·威廉，维特尔斯巴赫王朝的巴伐利亚国王，绰号为"疯王路德维希"，于1864~1886年在位。
[2] 林德霍夫宫苑，路德维希二世在世时修造的大量宫苑之一，是在他生前唯一修造并实际居住的宫苑，模仿凡尔赛宫苑营造，有小特里亚农的仿制品（即下文提及的"特门考斯－伊塔尔"）等。
[3] 原文为Tmeicos - Ettal。
[4] 原文为L'Etat c'est moi。
[5] 普鲁士的威廉一世（William I of Prussia,1797－1888），全名威廉·腓特烈·路德维希，普鲁士国王（1861~1888年在位），1871年1月18日就任德意志帝国第一任皇帝。

提斯[1]，代表太阳神阿波罗在一天的旅程后，回到他海洋洞穴中休息的地方。而在林德霍夫的蓝色石窟，则透露出另一非同寻常的象征意义：它包括以绘画再现维纳斯庇护下的坦霍伊泽。传说坦霍伊泽是在维纳斯的阴间尽享尘世欢乐后，去罗马忏悔的人。在未被接受后，他返回阴间，永远地消失了[2]。此处象征性的过渡，从凡尔赛到林德霍夫，理性的阿波罗转变成感性的维纳斯，太阳让位于永恒的黑暗，形而上学的理性主义和神学的乐观实证主义，在实业军国主义的权力确立前夕销声匿迹。

路德维希二世的怀旧取得了一种真实的、最高级的表现，但是却注定命运多舛。在第二次参观凡尔赛宫之后，他强化了早期的冲动，并在赫尔伦基姆泽[3]建造了一个凡尔赛宫的复制品——拥有一个5米多长的镜厅画廊——甚至比其原型更长、也更辉煌，并且还拥有近百幅路易十四的肖像画。但是，凡尔赛中的宫廷，是路易十四用以巩固和维持自己集权的强权机构；而在赫尔伦基姆泽的凡尔赛宫复制品，路德维希二世不过每年待一天而已。在那里，几乎不谈权利

(1) 忒提斯（Thetis），为古希腊神话中的海洋女神，是珀琉斯的妻子，阿基里斯的母亲。忒提斯是一名宁芙仙女，但却嫁给一个凡人（珀琉斯），生下了特洛伊战争的英雄阿基里斯。
(2) 此段讲述的是德国剧作家理查德·瓦格纳的一出歌剧《维纳斯与坦霍伊泽》（Venus and Tannhäuser）中的剧情。理查德·瓦格纳（Wilhelm Richard Wagner, 1813－1883），德国作曲家、剧作家。他是德国歌剧史上一位举足轻重的人物。前面承接莫扎特、贝多芬的歌剧传统，后面开启了后浪漫主义歌剧作曲潮流，理查德·施特劳斯紧随其后。同时，因为他在政治、宗教方面思想的复杂性，成为欧洲音乐史上最具争议的人物。
(3) 赫尔伦基姆泽，即Herrenchiemsee，位于基姆湖中的岛上。路德维希二世花费巨资，在此仿照凡尔赛宫苑修建了赫尔伦基姆泽宫，但却仅住了一周便突然逝世。

的他，却近乎疯狂地变着花样，试图邀请路易十四或玛丽·安托瓦内特两人或其中一人来此共进晚餐。

多考虑一个幻象，以及寓言，这出现在1870年普法战争开战的时代。在19世纪末叶，维康府邸的花园由亨利·达奇纳与阿希尔·达奇纳父子[1]进行了修整，部分被彻底改造。1891年，作为对勒诺特夸张的、戏剧性审美取向微妙而详尽的表达，一对巨大的法尔内塞大力神[2]雕像复制品被竖立在花园的尽头。这座雕像主导了现场，从城堡来看，它很好地点明了园林游线的次序改变：因为雕像又提醒游人们反观城堡。在雕像处，园林初始的灭点转化为新的视点，而其原初的视点又成为新的灭点：这种状况标示出法国形式主义园林惯常的透视封闭系统。也许并非巧合，它亦在富凯的收藏品，夏尔·勒布伦所绘的《大力神》中有所表现。17世纪和19世纪的两个大力神，一个雕塑、一个绘画，一个三维、一个二维，在园林修造者的意象中被并置。两个版本的大力神，构成了封闭的空间符号，并象征性地加倍了游线。这得感谢由于视点与灭点的可逆性所造成的"时空转换"——深度，第三个维度，被这种由游园扩展的部分揭示出来。游人在过程中体验着多维度艺术的静态**"诡计"**——无论是在勒布伦的绘画中，还是在勒诺特的园林中从城堡径直望出去所

---

(1) 亨利·达奇纳与阿希尔·达奇纳父子（Henri and Achille Duchene），19~20世纪法国著名的历史园林修复专家，尤其是阿希尔·达奇纳（1866 – 1947），建立了一个专门的机构，以负责修缮法国的历史园林。
(2) 法尔内塞大力神，即the Farnese Hercules，是一种著名的古代大力神雕塑，通常指由罗马教皇保罗三世（Pope Paul III，1468 – 1549）的孙子法尔内塞枢机主教亚历桑德罗（Cardinal Alessandro Farnese，1520 – 1589）所藏的古代雕塑。在16~18世纪，这种雕塑的复制品被大量地置于欧洲的园林之中。

看到的静态风景；以及由此而引发的关于三维的想象，比如对肉体的欲望——恰在这多维的困境中，人们抱有想象的余地。

时至今日又如何呢？当我们亲自造访这些园林时，会有什么幻象出现？我们自己的怀旧表现，与其说依赖于有形的园林之建造，毋宁说是仰赖于相关概念之重建：难道我们不正是在那些相同的形而上学、神学和审美系统之中，寻求我们现代的起源？毕竟，我们美学和形而上学的文本结构并不比路德维希二世仿建凡尔赛宫的思路、或者路易十四对他天授神权的信念更清晰吧？我们仍必须在这些园林中，理出自己的游踪，并寻求这些扭曲、幻象的关联，以揭示我们自身完善的模式。

这个问题必须被悬置，但它会留存于我们思想的深处，以便在我们下次造访维康府邸、凡尔赛宫苑或尚蒂伊林园时，与我们有关迷宫的幻象不期而遇。

文中注释

译者说明：此处附上原著法文版（Éditions de Seuil, 2011）注释，与中文版中不标注括号的注释一一对应，以便读者参考阅读、检索。

中文版序

1. Chantal Thomas, *Les Adieux à la Reine*, Paris, Le Seuil, 2002, 192-93.

前言：意象的园林

1. Voir Christopher Thacker, *Histoire des jardins* (traduit de l'anglais sous la direction de Solange Metzger), Paris, Denoël, 1981.

2. Daniel Charles, «Gloses sur le Ryoan-ji», in *Gloses sur John Cage*, Paris, UGE, 1978, p.280-281.

3. Richard Wilbur, «A Baroque Wall-Fountain in the Villa Sciarra», in *The Poems of Richard Wilbur*, New York, Harcourt Brace Jovanovich, 1963, p.103-105.

4. Saint-Simon, *Mémoires*, t. XXVIII, Paris, Hachette,1916, p.174.

5. *Ibid.*, p.160.

6. Voir Francis Edeline, *Ian Hamilton Finlay*, Paris, Hazan, 1977.

7. Voir *Ian Hamilton Finlay: The Bicentennial Proposal: The French War: The War of Letters*, Peter Day(éd.), Toronto, Art Metropole, 1989, passim.

巴洛克的余响，新古典的变奏

1. José Antonio Maravall, *Culture of the Baroque*, trad. Terry Cochran, Minneapolis, University of Minnesota Press, 1986, p.173-204, *Passim*. Cette œuvre, axée sur le baroque espagnol, est une excellente étude socio-culturelle sur la sensibilité baroque en général.

2. Blaise Pascal, *Pensées*, cité in Maravall, *op. cit.*, p.175.

3. Baltasar Gracián, *El Criticon*, cité in Maravall, *op. cit.*, p.177.

4. Chistine Buci-Glucksmann, *La Folie du voir: De l'esthétique barque*, Paris, Galilée, 1986, p.76.

5. Cité in Maravall, *op. cit.*, p.177.

6. La *Conférence* de Le Brun a été rééditée avec des essais critiques, in la *Nouvelle Revue de psychanalyse*, 21(1980); sur la représentation et la théorisation de l'expression du visage, voir Jean-Jacques Courtine et Claudine Haroche, *Histoire du visage*, Paris, Rivages, 1988, surtout chap. 2, «Figures et visages des passions», sur Le Brun et le XVIIe siècle.

7. Histoire du visage, *op. cit.*, p.103.

8. Sur la structure sociopolitique de la cour de Louis XIV,

voir Norbert Elias, *La Société de cour*, trad. P. Kamnitzer, Paris, Calmann-Lévy, 1974.

9. *Ibid.*, p.85.

10. Voir *L'Histoire de visage*, op. cit., chap. 5, «Se taire, se posséder: Une archéologie du silence», et chap. 6, «Les formes dans la société civile»; voir aussi Baltasar Gracián, *L'Homme du cour*, trad. Amelot de La Houssaie, Paris, Gérard Lebovici, 1987.

11. Sur l'histoire du voyage du Bernini en France, voir Cecil Gould, *Bernini in France*, Princeton, Princeton University Press, 1982.

12. Jean Rousset, *Le Miroir enchanté*, cité in Gérard Genette, Figures I, Paris, Éditions du Seuil, 1966, p.28.

13. Cité in *Bernini in France*, *op. cit.*, p.93. Voir Paul Fréart de Chantelou, *Journal de voyage du cavalier Bernin en France*, réédité: Paris, Pandora, 1981.

14. Pour une analyse excellente de l'œuvre de Le Nôtre, voir Bernard Jeannel, *Le Nôtre*, Paris, Hazan,1985. Sur «le jardin de l'intelligence», Le Nôtre a probablement lu: Jacques Boyceau, Traité du jardinage selon les raisons de la nature et de l'art(1638); André Mollet, *Le Jardin de plaisir*(1651); Claude Moliet, *Théâtre des plans et jardinages*(1652); Olivier de Serres, *Le Théâtre d'agriculture et masnage des champs*(1651). Il connaissait également des œuvres sur la perspective et. *L'anamorphose*,

ycompris probablement: Salomon de Caus, Les Proportions tirées du premier livre d'Euclide(1624), et *La Perspective avec la raison des ombres et miroirs*(1624); Jean-François Niceron, *La Perspective curieuse ou magie artificielle des effets merveilleux*(1638); le père du Breuil, *La Perspective pratique*(1649); etc. (Voir aussi note 3 in chap. 2, «Anamorphosis absconditus», infra.)

15. Sur le Carrousel, voir chap. 3, «Versions du soleil: La différence effroyable», infra.

维康府邸：隐藏的视域

(Une première version de ce chapitre a paru dans la revue *Art & Text*, 23/24, 1987.)

1. Euclide, *L'Optique et Catoptrique*. Trad. Paul Ver Eecke, Paris, Albert Blanchard, 1959, p. 6. Pour la discussion approfondie de ce problème, voir le livre d'Erwin Panofsky, *La Perspective comme forme symbolique*, Paris, Éditions de Minuit, 1975.

2. Maurice Merleau-Ponty, *Le Visible et l'Invisible*, Paris, Gallimard, 1964, p. 183.

3. Jurgis Baltrusaitis, *Anamorphoses ou Thaumaturgus opticus*(1955), Paris, Flammarion, 1984, p. 5. Nous devons la possibilité des recherches sur l'anamorphose, et par extension sur les systèmes de la perspective linéaire, à cette étude exemplaire de Baltrusaitis. Mentionnons

également que *La Perspective curieuse ou Magie artificielle des effets merveilleux* de Niceron fut publié à Paris en 1683, un an aprè la Géométrie et la Dioptrique de Descartes (ces deux textes furent publiés en français). La version plus large de l'œuvre de Niceron, écrite en latin fut publiée en 1646, sous le nouveu tutre de *Thaumaturgus opticus*; les *Méditations* de Descartes en 1641; la trauction fraçaise de l'Optique d'Euclide à Paris en 1642.

4. Cf. Jean-Louis Ferrier, Holbein. *Les Ambassadeurs: Anatomie d'un chef-d'œuvre*, Paris, Denoël-Gonthier, 1977, passim.

5. Maurice Merleau-Pouty, «L'œil et l'esprit», *in Les Temps modernes*, 184-185, 1961, p.196.

6. Edward R. Tufte, *Envisioning Information*, Chesire, Chonnecticut, Graphics Press, 1900, p.50.

7. «L'œil et l'esprit», *op. cit.*, p.220.

8. Gilles Deleuze, *Foucault*, Paris, Éditions de Minuit, 1986, p. 66.

9. *Manière de montrer les jardins de Versailles* a été réédité, préfacé par Simone Hoog, Paris, Éditions de la Réunion des musees nationaux, 1982.

10. *Manière de montrer les jardins de Versailles, op. cit.*, p. 12.

11. Paul Morand, *Fouquet ou le Soleil offusqué*, Paris,

Gallimard, 1961, p. 98.

12. *Ibid.*, p. 120.

13. Nous trouvons ici un exemple de plus des rapports intimes qui lient l'art et la métaphysique. Pour construire les jardins à Vaux-le--Vicomte, Le Nôtre n'étudia pas seulement *La Perspective curieuse* de Niceron, mais aussi la *Dioptrique* de Descartes. De son côté, Descartes demanda à Le Nôtre les plans des Tuileries poue étudier.

14. *Foucault, op. cit.*, p. 96.

凡尔赛宫苑：太阳的版本，可怕的差异

1. Louis XIV, *Le Métier de roi*, Paris, Editions de Kerdraon, 1987, p. 95.

2. Sur le Carrousel, voir Jean-Marie Apostolidès, *Le Roi machine*, Paris, Éditions de Minuit, 1981, p. 41-46.

Les autres chefs, avec leurs nations et leurs devises: Monsieur/ Perse/ la lune/ *Uno sole minor* (le soleil est plus grand que moi); le prince de Condé/ Turquie/ un croissant/ *Crescit ut ascipitur* (il augmente selon qu'il est regardé); le duc d'Enghien/Inde/une étoile/ *Magno de lumine lumen* (lumière qui vient d'une plus grande); le duc de Guise/ Sauvages d'Amérique/ un lion terrassant un tigre/ *Altiora praesumo* (j'aspire à de plus grandes choses).

La composition de la quadrille du roi: le comte de Vivonne/ un miroir ardent/ *Tua munera hacto* (je répands tes présents); Saint-Aignan/ un laurier exposé au soleil/ Soli (à lui seul); le comt de Navailles/ un aigle regardant le soleil/ Probasti (vous m'avez éprouvé); le comte du Lude/ un cadran exposé au soleil/ *Te sine nomen iners* (sana toi je ne suis rien); La Feuillade/ un girasol tourné vers le soleil/ *Uni* (pour lui seul); le marquis de Villequier/ un aigke qui plane/ *Uni militat astro* (il combat pour un seul astre); Duras/ un lion regardant le soleil/ *De tuoi sgnardi mio ardore* (de tes regards vient mon ardeur).

3. André Félibien, *Description sommaire du château de Versailles*, Paris, 1674, p. 279; cité dans Louis Marin, *Le Portrait du roi, Paris*, Éditions de Minuit, 1981, p.230-231.

4. Voir *Le Roi machine, op. cit., passom.*

5. Jean de La Fontaine, *Les Amours de Psyché et de Cupidon*(1669), in *Œuvres complètes de La Fontainte*, t.III, Paris, Pagnerre, 1859, p. 86. Dans le salon d'Apollon à Versailles se trouve le tableau par Charles de La Fosse, *Le Lever du Soleil*, qui dépeint sur un char Phœbus, qui éclaire le monde et met en déroute les pouvoirs des ténèbres.

6. *Les Amours de Psyché et de Cupidon, op. cit.*, p. 87-88.

7. Erwin Panofsky, *La Perspective comme forme symbolique(19241925)*, trad. Sous la direction de Guy

Ballangé, Paris, Éditions de Minuit, 1975, p.125. Sur la perspective linéaire, voir John White, *The Birth and Rebirth of Pictorial Space*, London, Faber and Faber, 1957; et Samuel Y. Edgerton, Jr., *The Renaissance Rediscovery of Linear Perspective*, New York, Harper & Row, 1975.

8. *Ibid.*, p. 157.

9. Erwin Panofsky, *Studies in Iconology*, New York, Harper & Row, 1972, p. 64.

10. René Descartes, *Les Principes de la philosophie* (1644), in *Œuvres et Lettres*, Paris, Gallimard, La Pléiade, 1953, p. 583.

11. René Descartes, *Discours de la Méthode* (1637), in *Œuvres et Lettres*, op. cit., p. 150.

12. Dalia Judovitz, *Subjectivity and Representation in Descartes: The Origins of Modernity*, Carbridge, Cambridge University Press, 1988, p. 124.

13. *Ibid.*, p. 124.

14. Antoine Arnauld et Pierre Nicle, *La Logique ou l'Art de penser* (1662), Paris, Flammarion, 1970, p. 363. Aussi titré *La Logique de Port-Royal*, cette œuvre a été rééditée à peu près cinquante fois en français après 1662 (l'année du Varrousel; et l'année qui suivit la fermeture de l'école janséniste à Port-Royal, résultst de leur conflit avec les jésuites). Voir Louis Marin, *La Critique du discours*, Paris,

Éditions de Minuit, 1975, et sa préface à l'édition Flammarion.

15. *La Logique ou l'Art de penser, op. cit.,* p. 115.

16. Blaise Pascal, *Pensées* (Éditions de Port-Royal, 1670), Paris, Éditions de Seuil, 1962, p. 103-105.

17. *La Logique ou l'Art de penser, op. cit.,* p. 364.

18. Brice Sénèce de Bauderon, *L'Apollon françois;* cité in *Le Roi machine, op. cit.,* p. 138. Sur la divinité du roi, voir Ernst H. Kantorowicz, *Les Deux Corps du Roi: Essai sur la théologie polotoque au Moyen Age* (1957), trad. De l'anglais par Jean-philippe Genet et Nicole Genet, Paris, Gallimard, 1989.

19. *Le Métier de roi, op. cit.,* p. 91.

20. *Subjetctivity and Representation in Descartes, op. cit.,* p. 189.

21. *La Logique ou l'Art de penser, op. cit.,* p. 113-115.

22. Maurice Merleau-Ponty, «L'œil et l'esprit», Les temps modernes, 184-185(1961), p. 203.

23. Piierre Nicole, *Essai de morale;* cité in *La Critique duu discours, op. cit.,* p. 228.

24. *Ibid.,* p. 226-227.

25. *La Logique ou l'Art de penser, op. cit.,* p. 112.

26. *Ibid.,* p. 111.

27. *La Critique du discours, op. cit.,* p. 227-228.

28. *Le Métier du roi, op. cit.,* p. 85.

29. *Ibid.*, p. 162.

30. Saint-Simon, *Mémoires*, cité in Norbert Elias, *La Société de cour, op. cit.*, p. 131.

31. Alexandre Koyré, *Du monde clos à l'univers infini*, Paris, Gallimard, 1973.

32. Cité dans les notes de la réédition du guide de Louis XIV, *Manière de Montrer les jardins de Versailles, op. cit.*, p. 66.

33. Cité in Denise et Jean-Pierre Le Dantec, *Le Roman des jardins de France*, Paris, Plon, 1987, p. 141 n.

34. Henry More, dans une lettre de 1648 à Descartes; cité in A. Koyré, *Du monde clos à l'univers ifini, op. cit.*, p. 114-115.

35. *Ibid.*, p. 119.

36. Charles Cotin, *Réflexions sur la conduite du roi*(1663), cité in Le Roi machine, *op. cit.*, p. 129.

37. René Descartes, *Méditations*, in *Œuvres et Lettres, op. cit.*, p. 305.

38. *Les Amours de psyché et de Cupidon, op. cit.*, p. 33.

39. *Pensées* [na 201], *op. cit.*, p. 110.

尚蒂伊林园：镜之园林

1. Deux ans avant sa mort, Le Nôtre écrit, dans une lettre de 1689 au comte de Porland: «Souvenez-vous des beaux jardins de France: Versailles, Fontainebleau,

Vaux et surtout Chantilly.» Cité in Bernard Jeannel, *Le Nôtre*, Paris, Hazan, 1985, p.104.

2. Les œuvres majeures du XVIIᵉ siècle sur la catoptrique sont: René Descartes, *Dioptrique et Météores* (1673); Salomon de Caus *La Perspective avec la raison des ombres et miroirs* (Londres, 1621; Paris, 1624); Jean-François Niceron, *La Perspective curieuse ou magie artificielle des effets merveilleux* (1638); *Le père Mersenne, La Catoptrique* (1651). Voir Jurgis Baltrusaitis, *Le Miroir*, Paris, Elmayan/Éditions de Seuil, 1978.

3. Cité in *Le Miroir, op. cit.,* p. 91-92.

4. Gaston Bachelard, *L'Eau et les Rêves*, Paris, José Corti, 1942, p. 35-36.

5. Gérard Genette, «Complexe de Narcisse», in *Figures I*, Paris, Éditions de Seuil, 1966, p. 21-22.

6. *Le Miroir, op. cit.,* p. 229.

7. *L'Eau et les Rêves, op. cit.,* p. 32-33.

8. «Complexe de Narcisse», *op. cit.,* p. 23.

9. René Descartes, «Discours huitième: De l'arc-en-ciel», *Météores,* in *Œuvres et Lettres, op. cit.,* p. 230-244.

10. *Le Miroir, op. cit.,* p. 49.

11. Louis Marin, *Le Portrait du roi*, Paris, Éditions de Minuit, 1981, p. 247.

12. Voir Michel Foucault, *Les Mots et les Choses*, Paris, Gallimard, 1966.

13. Faston Bachelard, *L'intuition de l'instant* (1932), Paris, Denoël, 1985, p. 103.

后记：其他幻想之作

1. La princesse Palatine, *Lettres*, Paris, Mercure de France, 1985, p. 232.

2. Louis II de Bavière, *Carnets secrets*. 1861-1886, trad. Jean-Marie Argelès, Paris, Grasset, 1987, passim.

参考文献

译者说明：此处附上原著法文版（Éditions de Seuil, 2011）参考文献，以便读者参考阅读、检索。

William Howard Adams , *Les Jardins en France. 1500 - 1800*, Paris, 1979.

Jean-Marie apostolidès, *Le Roi machine*, paris, Éditions de Minuit, 1981.

Antoine Amauld et Pierre Nicole, *La logique ou l'Art de penser* (1662), préface de Louis Marin, Paris, Flammarion, 1970.

Gaston Bachelard, *L'Eau et les Rêves*, Paris, José Corti, 1942.

Gaston Bachelard, *L'Intuition de l'instant* (1932), Paris, Denoël, 1985.

Jurgis Baltrusaitis, *Aberrations* (1957), Paris, Flammartion, 1983.

Jurgis Baltrusaitis, *Anamorphoses ou Thaumaturgus opticus* (1955;1969), Paris, Flammartion, 1984.

Jurgis Baltrusaitis, *Le Miroir*, Paris, Elmayan/Éditions du Seuil, 1978.

Anthony Blunt, *Art et Architecture en France. 1500-1700*, Paris, 1983.

Christine Buci-Glucksmann, *La Folie du voir : De l'esthétique baroque*, Paris, Galilée, 1986.

Paul Fréart de Chantelou, *Journal de voyage du cavalier Bernin en France*, réedité : Paris, Pandora, 1981.

Daniel Charles, «Gloses sur le Ryoan-ji», in *Gloses sur John Cage*, Paris, UGE, 1978.

Pierre Charpentran, Baroque, Fribourg, Office du livre.

Jean-Jacques Courtine et Claudine Haroche, *Historie du visage*, Paris, Rivages, 1988.

Peter Day (éd.), *Ian Hamilton Finlay : The Bicentennial proposal : The French War : The War of Letters*, Toronto, Art Metropole, 1989.

Gilles Deleuze, *Le Pli : Leibniz et le baroque*, Paris, Éditions de Minuit, 1988.

René Deacartes, *Discours de la méthode* (1637); *Dioptrique* (1637); *Géométrie* (1637); *Méditations* (1641); *Météores* (1637); *Les Passions de l'âme* (1649); *Les Principes de la philosophie* (1644); in *Œuvres et Lettres*, Paris, Gallimard, La Pléiade, 1953.

Francis Édeline, *Ian Hamilton Finlay*, Paris, Hazan, 1977.

Samuel Y. Edgerton, Jr., *The Renaissance Rediscovery of Linear Perspective*, New York, Harper & Row, 1975.

Norbert Elias, *La Civilisation des mœurs* (1939), Paris, Calmann-Lévy, 1982.

Norbert Elias, *La Société de cour*, trad, P. Kamnitzer, Paris,

Calmann-Lévy, 1974.

Euclide, *L'Optique et la Catoptrique*, trad. française Paul Ver Eecke, Paris, Albert Blanchard, 1959.

André Félibien, *Description sommaire du château de Versailles*, Paris, 1674.

André Félibien, *Relation de la fête de Versailles* (1668), préface d' Allen S. Weiss, Paris, Mercure de France, 1999.

Michel Foucault, *Les Mots et les Choses*, Paris, Gallimard, 1966.

Gérard Genette, «Complexe de Narcisse», in *Figures I*, Paris, Éditions du Seuil, 1966.

Cecil Gould, *Bernini in France*, Princeton, Princeton University Press, 1982.

Baltasar Gracián, *L'Homme de cour*, trad. Amelot de La Houssaie, Paris, Gérard Lebovici, 1987.

F. H. Hazelhurst, *Gardens of Illusion : The Genius of André Le Nôtre*, Nashville, 1980.

F. H. Hazelhurst, *Jacques Boyceau and the French Formal Garden*, Athens, Georgia, 1966.

John Dixon Hunt, *The Genius of Place : the English Landscape Garden. 1620-1820*, New York, Harper & Row, 1975.

« *Jardins contre nature* », *Traverses*, 5-6, Paris, Centre Georges Pompidou, 1983.

Bernard Jeannel, *Le Nôtre*, Paris, Hazan, 1985.

Dalia Judovitz, *Subjectivity and Representation in Descartes : The Origins of Modernity*, Cambridge, Cambridge University Press, 1988.

Ernst H. Kantorowicz, *Les Deux Corps du roi : Essai sur la théologie politique au Moyen Age* (1957), trad. de l'anglais par Jean-Philippe Genet et Nicole Genet, Paris, Gallimard, 1989.

Alexandre Koyré, *Du monde clos à l'univers infini*, Paris, Gallimard, 1973.

Charles Le Brun, *Conférence sur l'expression des passions* (1668), réédité in *la Nouvelle Revue de psychanalyse*, 21 (1980).

Denise et Jean-Pierre Le Dantec, *Le Roman des Jardins de France*, Paris, Plon, 1987.

Louis II de Bavière, *Carnets secrets. 1869-1886*, trad. Jaen-Marie Argelès, Paris, Grasset, 1987.

Louis XIV, *Manière de montrer les jardins de Versailles*, Simone Hoog (éd.), Paris, Éditions de la Réunion des musées nationaux, 1982.

Louis XIV, *Manière de montrer les jardins de Versailles* (1689), préface d' Allen S. Weiss, Paris, Mercure de France, 1999.

Louis XIV, *Le Métier de roi* (réédition des Mémoires de Louis XIV), Paris, Éditions de Kerdraon, 1987.

José Antonio Maravall, *Culture of the Baroque*, trad. de l'espagnol par Terry Cochran, Minneapolis, University of Minnesota Press, 1986.

Louis Marin, *La Critique du discours*, Paris, Éditions de Minuit, 1975.

Louis marin, *Le portrait du roi*, Paris, Éditions de Minuit, 1981.

Maurice Merleau-ponty, « L'œil et l'esprit » *Les Temps modernes*, 184-185, 1961.

Maurice Merleau-ponty, *Le visible et l'Invisible*, paris, Gallimard, 1964.

Naomi miller, *Heavenly Caves:Reflections on the Garden Grotto*, New York, Braziller, 1982.

Paul Morand, *Fouquet ou le Soleil offusqué*, paris, Gallimard, 1961.

Monique Mosser et Georges Teyssot (éds.), *Histoire des jardins de la Renaissance à nos jours*, Paris, Flammarion, 1991.

Princesse Palatine, *Lettres*, Paris, Mercure de France, 1985.

Erwin Panofsky, *La Perspective comme forme symbolique (1924-1925)*, trad. Sous la direction de Guy Ballangé, Paris, Éditions de Minuit, 1975, p. 125.

Erwin Panofsky, *Studies in Iconology*, New York, Harper & Row, 1972.

Blaise Pascal, *Pensées* (Édition de Port-Royal, 1670), Paris, Éditions du Seuil, 1962.

Benito Pelegrin, *Éthique et Esthétique du baroque*, Arles, Actes Sud, 1985.

Jean Rousset, *La Littérature de l'âge baroque en France*, Paris, José Corti, 1989.

Paolo Santarcangeli, *Le Livre des labyrinthes*, trad. de l'italien par Monique Lacau, Paris, Gallimard, 1974.

Saint-Simon, *Mémoires*, Paris, Hachette, 1916.

Madeleine de Scudéry, *La Promenade de Versailles* (1669), préface d'Allen S. Weiss, Paris, Mercure de France, 1999.

Severo Sarduy, *Barroco*, Paris, Éditions du Seuil, 1975.

Alain Tapié (éd.), *Les Vanités dans la peinture au XVIIe siècle*, Paris, Éditions de la Réunion des musées nationaux, 1990.

Christopher Thacker, *Histoire des jardins*, trad. de l'anglais sous la direction de Solange Metzger, Paris, Denoël, 1981.

Allen S. Weiss, *The Wind and the Source: In the Shadow of Mont Ventoux*, Albany, State University of New York Press, 2005.

Allen S. Weiss, *Unnatural Horizons: Paradox and Contradiction in Landscape Architecture*, New York, Princeton Architectural Press, 1998.

John White, *The Birth and Rebirth of Pictorial Space*, Londres, Faber and Faber, 1957.

D. Wiebenson, *The Picturesque Garden in France*, Princeton, Princeton University Press, 1978.

Heinrich Wölfflin, *Principes fondamentaux de l'histoire de l'art* (1929), Paris, Gallimard.

译后记

　　此书翻译颇多机缘。余自2006年入同济大学建筑与城市规划学院从卢永毅师治西方建筑历史研究，在比较中西造园艺术源流时，偶得阅此书之英文版（Princeton Architectural Press, 1995），即草译两章，以因应教学与研究之需。时至2009年夏，余又因参与同济大学与法国夏约高等研究中心（Centre des Hautes Études de Chaillot）联合设计，更随卢师赴法交流、往谒法国卢佛儿宫、凡尔赛宫苑、巴黎圣母院等处，考察法国历史建筑与遗产保护，得深入实地加以理解，并于夏约宫书店见此书法文初版（Éditions du Seuil, mai 1992）；受卢师之鼓励，遂萌生全文译介此书之意。值2009年岁末，余在清华大学参加世界建筑历史教学与研究国际会议期间，得识中国建筑工业出版社率琦编辑，以草译情况示之，相见恨晚，乃邀余完成全译，并联络版权、敦促译稿、力促出版事成。其间，余更联络本书作者艾伦·S·魏斯先生，就各版本内容与中文版翻译中的问题多有联络与沟通，邮件往来、切磋研讨、神交意会，又历两年方成此译稿，恰与法文新版之十年纪念版同步，足称幸事矣！

　　感谢魏斯先生慨然授权我作中文版翻译人，并专门为中文版作序。感谢魏斯先生允许我对本书所有版本的内容在中文版中全部译出，并就个别段落专门为中文版改写。同时，惠允使用其拍摄的有关照片，并以我的摄影照片作为中文版的插图。

感谢天津大学徐苏斌教授、青木正夫教授对译稿中有关日语词汇的释疑和翻译支持。

感谢恩师同济大学卢永毅教授对我自始至终的鼓励和帮助，并对本书译稿进行审校。

感谢家人对我的默默支持和照顾，内子张桦承担了部分手稿电子化的工作，作为第一位读者，对译稿提出中肯的批评意见，以她特有的敏感，同我分享知识的愉悦。

学术著作之译介、出版，于今尤难。特别感谢率琦编辑，没有他细致的工作和耐心的敦促，这本小书就不会以如此面貌呈现在诸位面前。

此书虽篇幅不大，但所涉历史、文化、哲学等领域之内容甚丰，语言多种，翻译时多有推敲与琢磨，余虽倾力至多，力求信实可靠、精准雅致，然错讹之处，在所难免，余负全责。此书之成，近六年矣！今虽脱稿，仍惴惴焉，尚乞诸位方家指正！

段建强

辛卯十二月初五日

北京行旅途中，雪

壬辰九月十九日夜

改定于郑州两宜轩